U0676846

中华经典现代解读丛书

DU XIAOJING XING ZHONGGUO XIAODAO

读《孝经》
行中国孝道

顾　易◎著

暨南大学出版社
JINAN UNIVERSITY PRESS

中国 · 广州

图书在版编目（CIP）数据

读《孝经》行中国孝道 / 顾易著. — 广州：暨南大学出版社，
2020.5
（中华经典现代解读丛书）
ISBN 978-7-5668-2884-2

Ⅰ．①读…　Ⅱ．①顾…　Ⅲ．①家庭道德—中国—古代
②《孝经》—通俗读物　Ⅳ.①B823.1-49

中国版本图书馆CIP数据核字（2020）第 048845 号

读《孝经》行中国孝道
DU XIAOJING XING ZHONGGUO XIAODAO
著　者：顾　易

出 版 人：张晋升
丛书策划：徐义雄
责任编辑：黄　颖
责任校对：刘舜怡　冯月盈
责任印制：汤慧君　周一丹

出版发行：暨南大学出版社（510630）
电　　话：总编室（8620）85221601
　　　　　营销部（8620）85225284　85228291　85228292（邮购）
传　　真：（8620）85221583（办公室）　85223774（营销部）
网　　址：http://www.jnupress.com
排　　版：书窗设计
印　　刷：广东广州日报传媒股份有限公司印务分公司
开　　本：850 mm × 1168 mm　1/32
印　　张：3.625
字　　数：62 千
版　　次：2020 年 5 月第 1 版
印　　次：2020 年 5 月第 1 次
定　　价：28.00 元

（暨大版图书如有印装质量问题，请与出版社总编室联系调换）

总　序

　　中华优秀传统文化历史悠久，博大精深，魅力无穷，是中华民族的"根"、中华民族的"魂"，是中华文化自信的源头、活水，也是中华民族的精神力量、文化力量和道德力量。而中华经典是中华优秀传统文化的精华与精髓，蕴含着中华优秀传统文化的精神内核、价值取向、道德标识和文化内涵，读懂弄通经典可以启迪人们的思想，让人们增长智慧、升华境界、受益终身。《易经》《论语》《大学》《中庸》《颜氏家训》等书，我过去虽然也读过，但随着人生阅历的增长，又有新的感悟，这就是经典的魅力之所在，让人温故知新，常读常新。现在，我带着思考去读，广泛地涉猎各种版本，进行比较、审问，加以新的概括，收获就更大了。

　　然而，经典毕竟是几千年前的产物，随着时代的进步，有的内涵发生了变化，就要赋予经典新的内涵并加以丰富和发展，这就需要对其进行"现代解读"。这个"现代解读"，就是习近平总书记指出的进行"创造性转化、创新性发展"，具体来说：一是要"不忘本来"，不忘中华优秀传统文化的根源，珍惜、保护和弘扬中华优秀传统文化，维护其根脉，注入时代精神，使其焕发生机和活力；二是要"吸收外来"，以开放的心态，接纳世界优秀的文化，既不妄自菲薄，也不夜郎自大，取长补短，博采众长，借鉴人类共同的文明成果，展现其强大的生命力和独特的魅力；三是要"面向未来"，着眼于造福子孙万代和永续发展，着眼于中华民族的伟大复兴，为未来的发展夯实根基，提供不竭的精神动力和力量源泉。正是基于以上的认识，从几年前开始，我就着手进行"中华经典现代解读丛书"的写作，至今完成了八本，以后还计划再写若干本。

　　解读中华经典的书籍可以说是汗牛充栋，数不胜数，但大多为分段的解释、考证。此丛书有别于其他经典解读读物的地方在于：一是紧扣中华优秀传统文化的精神标识、道德标识和文化标识。我认为这三个标识集中体现为："天下为公"的社会理想、"天人合一"的生存智慧、"民为邦本"的为政之道、"民富国强"的奋斗目标、"公平正义"的社会法则、"和谐共生"的相处之道、"自强不息"的奋斗精神、"精忠报国"的爱国情怀、"革故鼎新"的创新意识、"中庸之道"的行为方式、"经世致用"的处世方法、"居安思危"的忧患意识、"威武不屈"的民族气节、"唯物辩证"的思维方式、"仁者爱人"的道德良心、"孝老爱亲"的家庭伦理、"敬业求精"的职业操守、"谦和好礼"的君子风度、"包容会通"的宽广胸怀、"诗书礼乐"的情感表达。这些精神和思想，跨越时空，超越国度，富有永恒魅力，仍然具有当代价值，为此，我在写作时不会面面俱到，而是集中于某一个侧面，选择一个主题进行解读。二是观照当下，结合当前的现实生活，以古鉴今，增强针对性，指导生活，学以致用，活学活用。三是力求通俗易懂，经典大多比较深奥难懂，为此，必须用现代的话语进行讲解，用讲故事的方法来阐述道理。

　　"中华经典现代解读丛书"的写作，让我重温经典，对我来说是一次再认知、再感悟、再提高的过程，我不仅增长了知识，更为重要的是修炼了心灵，虽然写作的过程很辛劳，但又乐在其中。由于本人能力、水平所限，本丛书一定存在一些缺陷和不足，期待得到读者的指正。

　　是为序。

作者于广州

2019年10月8日

目　录

引　言

清代名臣曾国藩曾经总结过家庭兴衰的规律，认为：

仕官之家：子弟习于奢侈，繁荣只能延及一二世；

商贾之家：勤勉俭约，繁荣能延及三四世；

耕读之家：淳厚谨饬，繁荣能延及五六世；

孝德之家：入以孝悌，出以衷信，延泽可及七八世以上。

从这个规律可以看到，孝道是传家、兴家、旺家的根本。

孝道作为中华美德的独特标志，是中国传统美德形成、完善和发展的源头，是维系人伦关系的纽带，也是中国好家风的核心内容。孝道作为传统美德，源远流长，内涵丰富，发挥着净化人的心灵、规范人伦关系、稳定家国秩序、促进社会和谐的功能，在新时代越来越为人们所认同和践行，成为构建社会主义新型道德体系的内容之一，更成为构建家庭伦理的基础。

孙中山先生说："讲到孝字，我们中国尤为特长，尤其比各国进步得多，《孝经》所讲孝字，几乎无所不包，无所不至"，"国民在民国之内，要能够把忠孝二字讲到极点，国家便自然可以强盛"〔《三民主义·民族主义》，见《孙中山全集》第九卷（中华书局1981年版）〕。在中国古代，孝道教育一直是人格修养的基本内容。

然而，"孝道"在现代曾经被批判、践踏。新文化运动中，提出反对"吃人"的礼教主要指孝道、妇道等，乃至整个宗法制度。此后，这种理念和做法越演越烈，直到"文革"达到极点，"孝子贤孙"成为"坏人"的代名词，孝道受到批判和抛弃。

这些年，我们注重弘扬与传承中华传统美德，"孝道"又被重新提出来，有些地方建了"孝德公园"，"孝老爱亲"被公认为美德，被纳入评选道德楷模的范畴，"孝老爱亲"受了表彰；有些地方开展建设"孝心村"的活动，所有这些都是人们期待孝道回归和传扬的表现。

但是，20世纪50年代之后出生的人，特别是现在的年轻人，对孝道还是比较陌生的，做到孝行更是有点困难。试问现实生活中有多少人记住了父母的年龄和生日？有多少人会在父母的生日时祝他们生日快乐？有多少人每周能打电话和父母聊天？那些外出工作的子女，每年能陪伴父母多少天？

　　曾经有一个"亲情算法"，算哭了很多人：这辈子你还能见父母多少面？假如父母今年70岁，再活18年的话，你每年回家一两次，还能见三四十面；每次待5天，还能在一起待100天左右。父母养育我们长大成人，可是当他们老了以后，我们能陪伴的日子却是如此短暂。这个算法令人心酸，也让人感慨行孝时不我待。

　　过去，我们不懂孝道的宝贵，当我们醒悟的时候，已经变成了自责、内疚和后悔。因为"树欲静而风不止，子欲养而亲不待"，这说明孝道教育至关重要、迫在眉睫。当我们想尽孝之时，父母已离我们而去，已经没有尽孝的机会了。

　　今天，孝道对许多人来说是一个沉重的话题。有的人把孝养父母当作"累赘""包袱"；有的人用"钱养"代替"孝养"；有的人把父母的教诲当作"唠叨"，心烦气躁，随意顶撞；更有的人胡作非为，违法犯罪，让父母蒙耻、担忧……所有这些行为都违背了孝道的要求，都是不孝的表现，应当予以纠正和克服。

　　当然，在现代社会，社会环境和人的生活方式发生了很大变化，人们的生活空间变大，生活节奏加快，生活压力增大，行孝的条件和方式也会跟着改变。但不管社会发生什么样的变化，孝道的本质和内涵是不会改变的。我们要根据时代的发展要求，施行适宜现代文明发展和现代人生活方式的孝道。

习近平指出："家风好，就能家道兴盛、和顺美满；家风差，难免殃及子孙、贻害社会。"家是最小的国，国是最大的家。不管世界发生怎样的变化，家始终是社会、国家的细胞。而孝道文化，永远是维系家庭、社会健康发展的精神血脉。

孝道作为沉甸甸的温情，是人性本来的元素，它就像种子一样埋在人的内心深处。只要我们去播撒它、栽培它，它就会茁壮成长。每当听到一个感人的孝道故事，我们都会为之动容，这就是潜在的元素被激活，因此，现代社会、学校、家庭中仍然需要孝道的教化。孝道的培育，是人性的引导，是保护这种子在善的土壤中发芽、成长，最终郁郁葱葱，焕发出人的尊严、人性的光辉。我以为，孝道教育应该成为人生教育的第一课。

《孝经》是一部讲中国孝道的经典。以上就是我们今天仍然还要讲《孝经》的理由。

第一讲 《孝经》的内容、特色及历史影响

《孝经》是孔子、曾子和他们的学生共同创作的一本经典。

《孝经》是我国一部系统论述家庭伦理的专著，是中华经典中字数最少、内容最浅白的一本典籍。全书共十八章，只有一千九百多个字，在十三经中篇幅虽短，但是，《孝经》却有其独特的魅力。

一、《孝经》的主要内容

《孝经》的主要内容有三个方面：一是至德，二是要道，三是孝行。大体来说，至德是人应有的德行，要道指统治天下应有的方式。如果说至德针对个人，指向内在；要道则针对天下、社会，指向外部；孝行则指个人的行为。在《孝经》中，孝行是把至德与要道串联起来的关键因素。孔子认为，一个人的德行是通过孝行建立起来的，在其建立过程中，个人自然而然地就具备了治理天下的能力。

《孝经》的结构大体如下：

第一章：开宗明义，说明孝道的义理。

第二至六章："至德"，分别讲述天子、诸侯、卿大夫、士、庶人这五种人应有的德行。《孝经》认为：人的身份不同，其应当具备的品行也有所侧重，由于人的身份不同、角色不同，其需要注意的品德自然有所不同。比如庶人无社会职责，以个人利益为最大追求无可指责，《孝经》中对庶人品德的要求限于"用天之道，分地之利，谨身节用，以养父母"。国学大师南怀瑾先生认为"孝"是一种精神和号召，并不是只有单一的形式，它的表达方式可以是千变万化的。只认定某种特定形式的"孝道"，而不会灵活变通，那就是愚孝。他说："何为孝呢？贫穷的父母，出力为孝；孤单的父母，相伴为孝；脾气暴躁的父母，理解为孝；勤俭持家的父母，勤快为孝；病患的父母，照顾为孝；唠叨的父母，聆听为孝。父母对你的期待，你能实现就是孝。"相应地，天子职责高于所有人，对其品德要求也最高。《孝经》认为天子应当具备"爱"与"敬"两种内在的美德，行为可为全天下人效法。其中"爱"为仁爱，"敬"为尊长，"爱"与"敬"分别对应于《礼记·大传》中的亲亲和尊尊。"爱敬尽于事亲，而德教加于百姓，刑于四海"为天子之孝。对于诸侯、卿大夫、士的要求分别体现为不骄不溢、效法先王、忠顺事上等，相比之下这些美德就显得比较次要了，或者可看作"爱"与"敬"

这两种美德的自然延伸，除了第五章将忠、顺看作"爱"与"敬"的自然延伸外，第三章不骄不溢和第四章效法先王，均可看作"敬"的结果。从另一方面看，这五种人的美德虽有所不同，核心内容却是一致的：上至天子，下至庶人，其孝都是出于爱亲，而天子当为天下人之榜样，故对其德行要求最高，其理想状态可称为至德。

　　第八、九章："要道"，主要阐述先王理想化的治理天下之道。第八章讲孝治，其内容包括"不敢遗小国之臣""不敢侮于鳏寡""不敢失于臣妾"，故得天下人之爱戴和拥护。即弱小之人皆得其爱，这与孝的关系，从后果看是可以更好地事其先王、先君及其亲，从前因看则似乎是因为由孝生出的爱心。第九章讲圣治，以周公为典范，其内容包括"德义可尊，作事可法，容止可观，进退可度，以临其民"，这种至德的效果是"其民畏而爱之，则而象之"，所以能实现大治。这是把至德与要道直接关联起来，即在圣人那里，这两者是完全不区分的。所以《孝经》也代表了内圣外王的立场。进一步看，第九章还强调圣王的至德是通过孝行体现的。"昔者周公郊祀后稷以配天，宗祀文王于明堂以配上帝"，可见圣人之德无加于孝。所以孝行、至德与要道三者也都是不区分的。

第十、十一、十五、十七、十八章："孝行"。第十章讲述孝行的具体内容，包括事亲、事君、立身三方面。其中孝子事亲包括居、养、病、丧、祭几个方面。同时强调孝亲远不限于这些对亲人的直接行为，还包括居上不骄、为上不乱、在丑不争。第十一章强调了不孝之罪。第十五、十七章讲述孝子事亲、事君过程中谏诤的重要性。第十八章讲述亲丧之礼。

第七、十二、十三、十四、十六章：深入阐明至德、要道、孝行三者之间内在的逻辑。其中第七章概述孝之所以可以实现治，是因为这样做"则天之明，因地之利，以顺天下"。第十二章说明通过孝、悌可使人民相亲相爱、相互礼顺。第十三、十四章都说明统治者要以身作则，率先行孝，敬天下之人父、人兄、人君。第十六章强调贤明君王亲身行孝，感天动地，鬼佑神助，故上下皆治，无所不通。"事父孝，故事天明；事母孝，故事地察；长幼顺，故上下治。""通于神明，光于四海"，所以东西南北，"无思不服"。

二、《孝经》的主要特色

《孝经》语言精练，篇幅不长，内容丰富，具有如下三大特色：

（一）传承发展

《孝经》为儒家学派阐发"孝道"的专论，集中了先贤关于"孝"的论述，并加以总结，是一部关于"孝"的集大成之作。

《孝经》中许多关于"孝"的理论和智慧，来自孔子的《论语》、孟子的《孟子》、曾子的《礼记》，下面作一个简要的梳理。

来自孔子《论语》的论述：①《学而篇》："子曰：'弟子入则孝，出则弟，谨而信，泛爱众而亲仁，行有余力，则以学文。'"②《学而篇》："子曰：'父在观其志，父没观其行，三年无改于父之道，可谓孝矣。'"③《为政篇》："孟懿子问孝。子曰：'无违。'樊迟御，子告之曰：'孟孙问孝于我，我对曰："无违。"'樊迟曰：'何谓也？'子曰：'生，事之以礼；死，葬之以礼，祭之以礼。'"④《为政篇》："孟武伯问孝。子曰：'父母唯其疾之忧。'"⑤《为政篇》："子游问孝。子曰：'今之孝者，是谓能养。至于犬马，皆能有养；不敬，何以别乎？'"⑥《为政篇》："子夏问孝。子曰：'色难，有事，弟子服其劳，有酒食，先生馔，曾是以为孝乎？'"⑦《为政篇》："季康子问：'使民敬，忠以劝，如之何？'子曰：'临之以庄则敬，孝慈则忠，举善而教不能则劝。'"⑧《为政篇》："或谓孔子曰：'子奚不为政？'子曰：'《书》云："孝乎惟孝，友于兄弟，施于有政。"是亦为政，奚其为为政？'"⑨《泰伯篇》："禹，吾无间然矣。菲饮食而致孝乎鬼神，恶衣服而致美乎黻冕，卑宫室而尽力乎沟洫。禹，吾无间然矣。"⑩《先进篇》："子曰：'孝哉闵子骞！人不间于其父母昆弟之言。'"⑪《子路篇》："子贡问曰：'何如斯可谓之士矣？'子曰：'行己有耻，使于四方，不辱君命，可谓士也。'曰：'敢问其次。'曰：'宗族称孝焉，乡党称弟焉。'"⑫《子张篇》："曾子曰：'吾闻诸夫子：孟庄子之孝也，其他可能也，其不改父之臣与父之政，是难能也。'"

孔子在《论语》中，通过与不同弟子的对话，讲述了孝的内涵和孝与悌、孝与礼、孝与忠等关系。

孟子继承和发扬了孔子的孝道思想，有关"孝"的论述在《孟子》中出现28次之多。下面仅列举主要的：

①《梁惠王上》："谨庠序之教，申之以孝悌之义，颁白者不负戴于道路矣。"②《梁惠王上》："壮者以暇日修其孝悌忠信，入以事其父兄，出以事其长上，可使制梃以挞秦、楚之坚甲利兵矣。"③《滕文公上》："盖上世尝有不葬其亲者，其亲死，则举而委之于壑。他日过之，狐狸食之，蝇蚋姑嘬之。其颡有泚，睨而不视。夫泚也，非为人泚，中心达于面目。盖归反虆梩而掩之。掩之诚是也，则孝子仁人之掩其亲，亦必有道矣。"④《离娄上》："暴其民甚，则身弑国亡；不甚，则身危国削。命之曰'幽'、'厉'，虽孝子慈孙，百世不能改也。"⑤《离娄上》："孟子曰：'不孝有三，无后为大。舜不告而娶，为无后也，君子以为犹告也。'"⑥《离娄下》："孟子曰：'世俗所谓不孝者五：惰其四支，不顾父母之养，一不孝也；博弈好饮酒，不顾父母之养，二不孝也；好货财，私妻子，不顾父母之养，三不孝也；从耳目之欲，以为父母戮，四不孝也；好勇斗狠，以危父母，五不孝也。'"⑦《万章上》："孝子之至，莫大于尊亲。"⑧《告子下》："尧舜之道，孝悌而已矣。"

　　孟子把"父子有亲"的"事亲为大"作为孝之根

本，提出由"养体"扩展到"养志"，由家庭之内的孝悌扩展到社会的尊老和友爱，再扩展为"王道"的治理。

《礼记》也有不少关于"孝"的论述：①《祭文》："民之本教曰孝，其行孝曰养。养可能也，敬为难；敬可能也，安为难；安可能也，卒为难。父母既没，敬行其身，无遗父母恶名，可谓能终矣！"②《大学》："为人君止于仁，为人臣止于敬，为人子止于孝，为人父止于慈，与国人交止于信。""孝者，所以事君也；弟者，所以事长也；慈者，所以使众也。"③《中庸》："夫孝者，善继人之志，善述人之事者也。""践其位，行其礼，奏其乐，敬其所尊，爱其所亲，事死如事生，事亡如事存，孝之至也。"

从上述介绍中，我们可以看到《孝经》继承儒家的"孝道"思想，同时加以发挥，更为系统、全面地阐述了"孝道"的本源、本质、功能、内涵和实现的途径。

（二）因人施策

《孝经》并不笼统地讲"孝"，同时针对社会不同层次的人提出了不同的要求，有很强的针对性。可以说，《孝经》是接地气的。孔子曰："吾志在《春秋》，行在《孝经》。"《孝经》是历代统治者治理天下的至德要道，更有唐玄宗亲自为《孝经》作注解。同时，《孝经》也是老百姓做人的基本道德准则。《孝经》中的"孝"不仅仅局限于"事亲"，它还讲各行其"孝"，天子、诸侯、卿大夫、士、庶人等按照级别遵守不同的"孝道"；它还讲言行一致，不仅讲"孝"的规范、要求，更重于推广"孝道"的方法和步骤；它讲的"孝"不仅是赡养父母，更要修身、治家、治国。

（三）规范指引

《孝经》与其他经典的最大差别在于不但回答什么是"孝"，为什么要行"孝"，还回答了如何行"孝"，既有学理性，又有可操作性。比如提出了事亲应具备"五事"："居则致其敬，养则致其乐，病则致其忧，丧则致其哀，祭则致其严"；事亲要去除"三不"："事亲者，居上不骄，为下不乱，在丑不争。"这三个"事"涵盖了物质生活和精神生活，涉及人生居、养、病、丧、祭的重大节点，体现了情、理、义、礼，"三不"则从反面提出了力戒之行为，是有益的教诲。

三、《孝经》的历史影响

两千多年来，《孝经》对中国人民产生了极大的影响，上至帝王将相，下至黎民百姓，广泛传习，倍加尊崇，影响深远。

（1）《孝经》被视为伦理思想权威，在历代著述与论辩中被广泛地引证。从两汉开始，《孝经》成为小学课本，以最快的速度得到传播和普及。汉代从惠帝以后，皇帝的谥号中都加了一个"孝"字，以后的历朝历代皆以《孝经》颁行天下，《孝经》成为人们必尊必学的经典。从汉代至清代，从私家著述至官方文告，将《孝经》作为价值取向和理论依据者不胜枚举，如司马迁《太史公自序》说："且夫孝始于事亲，中于事君，终于立身。扬名于后世，以显父母，此孝之大者。"

（2）《孝经》被作为伦理道德的规范，成为人们的行为准则。在古代社会的"五伦"中，《孝经》是处理人伦关系最核心的准则。以父慈子孝，延伸夫妻相亲、兄友弟恭、朋友相信、忠君报国，孝作为一个基础性的伦理精神和道德准则，影响人们的家庭关系和社会关系。

（3）《孝经》被推行到各行各业，成为职业道德准则。发明《孝经》的主旨，借用《孝经》制定不同的社会身份和职业的人的道德规范。孝道从一个人立身处世，延伸到职业的要求，派生出《广孝经》《武孝经》《大农孝经》《道孝经》《佛孝经》《女孝经》等。

（4）《孝经》成为历代立法的依据。隋文帝仁寿三年（603），圣德太子制定《宪法十七条》，其中就有"上下和睦"之语，即出自《孝经》。历朝历代颁布的礼仪制度和律令，都以《孝经》为依据。"孝"成为其核心价值观。

第二讲　《孝经》的思想价值

今天的人们对孝道是比较陌生的。首先，在家庭教育中，父母"望子成龙，望女成凤"，在对子女的教育中，重智轻德，对子女的学习、生活、工作过多地干涉，甚至包办，使子女对父母应当担负的责任意识淡薄，把父母对子女的关爱看成是天经地义的，把子女对父母的孝敬看成是可有可无的或者当作一种负担，这种"孝"的缺失使青少年丢失了爱的能力和责任的担当；其次，由于西方文化的影响，个人独立意识增强，青少年过于强调个人的权利而忽视个人与家庭的关系、父母与子女的关系，孝敬意识有所淡化；再次，随着市场经济的发展，商品拜物教和多元文化的影响，金钱至上观逐渐侵袭温情脉脉的亲子关系，功利化腐蚀了亲情的纽带，出现了精致的利己主义，把父母的养育之恩当作父母的义务，导致亲子关系的松弛。

在现实生活中，常常可以见到的是父母对子女无微不至的关心和照顾，而子女对父母的关怀、体贴却变成稀缺现象，成为必须加以褒奖的行为，甚至还出现不赡养父母、虐待父母的丑陋行为。由此可见，传承、弘扬中国孝道是构建人伦关系的基石，是建设幸福家庭的土壤，也是社会安宁的迫切需要。

孝道教育应该作为每个中国人人生教育的第一课。那么，今天我们为什么必须讲中国孝道呢？《孝经》作出了深刻的回答。

一、孝道是天之经、地之义、人之性

曾经有教师给学生讲孝道，讲到母亲十月怀胎之艰辛、幼儿抚育之艰难、少年养育之付出，作为子女对于父母的付出所给予的回报，就是要孝敬父母，这是从感恩的角度去讲孝道，可以作为"孝道"的理由之一。但假如把"孝道"归结为感恩，就会把"孝"变成功利性的东西。我们常说"羊有跪乳之恩，鸦有反哺之义"，动物尚且能如此，假如人也停留在这个层面上，"孝"就没有超越动物的层次，也就降低了"孝"的生命意义和文化价值。

《孝经·三才章第七》曰："子曰：'夫孝，天之经也，地之义也，民之行也。'""经"是指规范、原则，"义"指正理。天之经、地之义指天地间历时不变的常道，是理所当然、不容置疑的。"孝"的重要性体现在宇宙天地之间，孝道是天之道，是永恒的道理，是不可变易的法则，孝道又如地之道，是人的基本行为。总之，世间人最宝贵，而人的品性中又以"孝"最为重要。孔子在这里用了一个生动的比喻来说明孝的道理。"孝"就像日月星辰恒常地运行，这是"经"；像大地五土（山林、川泽、丘陵、水边平地、低洼之地）利于万物生长，这是"义"。人乘天地之气而生长，效德天地而存在，为此，民行孝也是天经地义的。孝，贯通了天、地、人三才。

为什么说孝道是天之经呢？天空中日月星辰，永远有规律地照临大地。孝道也应如此，乃是永恒的道理、不可变易的规律。

孝道是地之义。这是因为大地化育万物，生生不息，山川大地为人类提供丰饶的物产、合乎自然的法则。孝道也是如此，乃是必须严格遵从的义务，是有利、有益的准则。这里讲的"义"，指利物为义，也指适宜为义。作为天道、地道和人道，依照天地运行的要求，父之所长，其子养之，父之所养，其子成之。循环往复，延绵不断。董鼎在《孝经大义》云："人生天地之间，禀天地之性，如子之肖像父母也，得天之性为慈爱，得地之性为恭顺。慈爱恭顺即所以为孝。"

孝道是民之行，即指孝道是人之百行中最根本、最重要的品行。人民以之为典范实行孝道。

　　"孝道"也是人之性。《孝经·圣治章第九》曰："子曰：'天地之性，人为贵。人之行，莫大于孝，……故亲生之膝下，以养父母日严。圣人因严以教敬，因亲以教爱。圣人之教不肃而成，其政不严而治，其所因者本也。父子之道，天性也，君臣之义也。父母生之，续莫大焉。君亲临之，厚莫重焉。故不爱其亲而爱他人者，谓之悖德；不敬其亲而敬他人者，谓之悖礼。以顺则逆，民无则焉。……《诗》云："淑人君子，其仪不忒。"'"

　　孔子说：天地万物之中，以人最为尊贵。人的行为，没有比孝道更为重要的了。……因为子女对父母亲的敬爱，在年幼相依父母亲膝下时就产生了，待到长大成人，就一天比一天懂得了对父母亲尊严的爱敬。圣人就是依据这种子女对父母尊敬的天性，教导人们孝敬父母；又因为子女对父母天生的亲情，教导他们爱的道理。圣人的教化之所以不必严厉地推行就可以成功，圣人对国家的管理不必施以严厉粗暴的方式就可以治理好，是因为他们因循的是孝道这一根本。父亲与儿子的亲恩之情，乃是出于人天生的本性，也体现了君主与臣属之间的义理关系。父母生下儿女，使儿女得以上继祖宗，下续子孙，这就是父母对子女的最大恩情。父亲既有为父之亲，又有为君之尊，其恩义之厚，是什么关系都比不上的。所以，那种不敬爱自己的父母却去敬爱别人的行为，叫做违背道德；不尊敬自己的父母而尊敬别人的行为，叫做违背礼法。如果有人用违背道德和违背礼法去教化人民，让人民遵从效法，那么就会是非颠倒，人民将无所适从，不知如何效法了。……《诗经·曹风·鸤鸠》说："善人君子，最讲礼仪，其容貌举止，丝毫不差。"这就是说，孝道充分体现了人性的要求。"孝"发自人的本性、天性，是自然而然的，是理应如此的，是没有任何功利性的。

孝，对于人来说是天然的本性，是发自内心的自然情感。中国人有"根"的意识，作为一个人都应知道我从哪里来，要到哪里去。每一个人都有"根"，一个人假如失去了"根"，就会成为"无根的浮萍"，到处漂泊。因此，孝扎根在每个人的心灵深处，在情感最原始的生发地。从这个意义上看，孝行是顺应人心、顺因人性、顺从人情、顺依人之德行。我们需要从这种道德的根本上去浇灌、去培土、去养育，并将孝行弘扬之、广大之、寥廓之。

孝道，是因性而明教、追文反质的至道。它是从人性中揭示出来、概括出来、提升出来的，又返回去指导人们怎样去做人、办事、立身、齐家、处世、治国、平天下的大道。

二、孝道是构建道德思想的基础

孝道作为中华民族的一种精神标志，孕育于血缘亲人之爱，是人类最本真的情感，这一精神一旦引入社会，就会生出包括仁爱、宽厚、正义、守礼、诚信守信、知耻勇进等道德元素，成为孕育人伦道德的根本。

《孝经·开宗明义章第一》中说："子曰：'夫孝，德之本也，教之所由生也。'"孔子在这里说：孝是一切德行的源头和根本，所有品行的教化都是由孝行派生出来的。《孝经》认为，孝道是所有道德的本源所在，人们所有的品德行为的教育，都是通过行孝而延伸出来的。简而言之，孝道不仅是人们道德品质的一种体现，更是对人教育的一个开始。《吕氏春秋·孝行览》有这样的话，值得今人体会："凡为天下，治国家，必务本而后末。所谓本者，非耕耘种植之谓，务其人也。务其人，非贫而富之，寡而众之，务其本也。务本莫贵于孝。""夫孝，三皇五帝之本务，而万事之纪也。""夫执一术，而百善至，百邪去，而天下从者，其惟孝也。"

《孔子家语·弟子行》中说："孝，德之始也，悌，德之序也，信，德之厚也，忠，德之正也。参也，中夫四德者矣哉。"意思是说：孝敬父母是道德的开始，敬爱兄长是道德的次序，信用是道德的深度，忠诚是道德的方向。曾参恰恰是具有这四种道德的人。

"孝"是"仁义礼智信"和"礼义廉耻"道德标准的来源。

（一）孝德，是"善"之源

"百善孝为先。"在一百种善行中，孝是居于首位的。社会上的所有善举善行，都是由"孝"衍生出来的，或者说，所有善德中，"孝"占第一位，相当重要。行善为什么非要首先孝敬自己的父母？《老树与小孩》的故事形象地诠释了父母与子女一生的关系。

有一个小男孩，他从小就喜欢在一棵大树旁边玩。大树长得很高，是一棵大苹果树，结了很多又漂亮又甜美的果子。这孩子有时候爬到树上摘果子吃，有时候在树底下睡觉，有时候捡树叶，有时候拿着刀片、瓦片在树身上乱刻乱画。大树特别疼爱这个孩子，从来不埋怨他，天天陪他玩。玩着玩着，孩子长大了，有一段时间他不来了，过了很久，他再来的时候已经是一个少年了，大树很想他，说："孩子，你怎么不跟我玩了？"这孩子的表情里面开始有了忧伤，而且很冷漠，他有点不耐烦了，说："我已经长大了，不想跟你玩，我现在需要很多高级的玩具，还需去念书，还需要学费呢！"大树说："孩子，真对不起，你看我也变不出玩具。这样吧，你可以把我所有的果子都摘了去卖钱，你就有玩具，就有学上了。"孩子一听就高兴了，他把果子都摘了，然后欢欢喜喜地走了。

就这样，每年他匆匆忙忙，就是在摘果子的时候来，平时都没有时间来玩。等到他读完书以后，又有很长时间不来了。再过一些年，孩子长成了一个青年，他再来到树下的时候大树更老了。大树说："你这么长时间不来，你愿意在这玩会儿吗？"孩子说："我现在要成家立业了，我哪有心思玩啊，我连安家的房子都还没有呢，我也没有钱盖房子啊。"大树说："孩子，你千万不要不高兴。你把我所有的树枝都砍了，就够你盖房子了。"

孩子高兴起来了，他把树枝都砍了，盖房子去了。

这样又过了很多年，孩子再来的时候，心事重重地徘徊在树下，孩子说："我想去远方做大事，可是这世界的海洋这么浩瀚，我要去远方却连条船也没有，我能去哪啊！"大树说："孩子，你别着急，你把我的树干砍了，你就可以造船了。"孩子一下就高兴了，他砍了树干做了一条大船就出海去了。又过了很多年，这棵大树就剩下一个快要枯死的树桩了。这时孩子回来了，他的年纪也大了，大树跟他说："孩子啊，真对不起，你看我现在也没有果子给你吃了，也没有树干给你爬了，你就更不愿意在这跟我玩了。"孩子跟大树说："其实，我现在也老了，有果子我也啃不动了，有树干我也不能爬了，我从远方回来了，现在就是想找个树桩守着歇一歇，我累了，就是回来跟你玩的……"大树听着欣慰地笑了，这个时候它仿佛又看见孩子小的时候……

这故事讲的不正是父母和我们自己的一生吗？父母对子女的爱是无私的，也是付出最多的，我们不孝敬父母却口口声声说做善事是无稽之谈！《孝经·圣治章第九》说："故不爱其亲而爱他人者，谓之悖德；不敬其亲而敬他人者，谓之悖礼。"孟子早就说过"老吾老以及人之老，幼吾幼以及人之幼"，强调的是推己及人的情怀。《孝经·天子章第二》说："爱亲者，不敢恶于人；敬亲者，不敢慢于人。"能够亲爱自己父母的人，就不会厌恶别人的父母；能够尊敬自己父母的人，也就不会怠慢别人的父母。这种推己及人的思想就是博爱。我们行善，是从亲人之间的敬爱开始，进而才扩大至天下人的敬爱。不孝，无从谈及"善"。

（二）孝德，是"仁"之本

孔子在《论语》中说："君子务本，本立而道生。孝弟也者，其为仁之本与。"孔子认为孝悌为仁爱之源、达道之本。"有子曰：其为人也孝弟，而好犯上者，鲜矣；不好犯上，而好作乱者，未之有也。"孔子认为：至亲者、位尊者、有德者，自然居先。父母亲而又尊，更要先之又先，必须孝敬。兄长同胞，又先我生，必尽悌道。此是天经地义丝毫不许懈怠。然后推及一切皆加礼敬。凡侵犯侮慢等事，概不能做。敬父母兄长名曰"孝弟"，礼敬他人、天下人及万物曰行"仁"，这是修身至平天下一贯的路线，从始到终，有先有后。人知礼敬，才行孝悌，人皆有父母，彼此一礼，自然礼敬一切，普遍行仁。既行孝悌，是知礼敬之理，那侵犯长上的事，是无礼不敬动作，孝悌之人，深以为耻，就少有这样的事了。但凡不守家庭规矩，破坏社会秩序，违犯国家法律，都非礼敬行仁，是名作乱。

孔子又说："君子务本，本立而道生。孝弟也者，其为仁之本与！"这里提出"务本"，就是事宜追求根本，只要立住根本，大道自会发生，孝悌是仁的根本。要知行仁，便是修道的路程，道已在近前，既明且达，事就成功了。孔子认为孝悌是行仁达道之本。

《孝经》中提到，孝是德之本，教之所由生也。古代有"五教"之说，即教父以义，教母以慈，教兄以友，教弟以恭，教子以孝。孝是一切道德的根本，一切教育的出发点。

汉字的"教"字，告诉我们"孝"是"教"的起点，"孝"为"教"之本。"教"字，孝为教首，严教为要。教书育人，要从孝道入手，写教字，先写孝字。培养一个善良正直的人，首先要让他懂得孝敬父母，对家庭、对父母有敬爱之情，有责任之心，这是做人的基础。在这个基础上，使他逐步成长为爱祖国、爱人民的国家栋梁。"教"字的后半部是"攵"，既代表严格，也代表父母有责任。"宽以待人易成事，严格教子易成才。""养不教，父之过。教不严，师之惰。""严师出高徒，强将手下无弱兵。"一个教养有素、纪律严明的民族，是从小就要以孝为立德之本的。

有一个"画荻教子"的典故，说明了"孝"的家教传承了好家风的道理。

"画荻教子"讲的是北宋政治家、文学家欧阳修的故事。欧阳修四岁时，父亲早逝，母亲郑氏带他投靠叔父欧阳晔。因其父为官清廉，家贫如洗，生活的重担全落在郑氏身上。欧阳修的母亲从小就给他讲如何做人的道理，用欧阳家族的家训加以训导："四维八德，三纲五常，朝夕惕厉，莫敢或忘。读书明理，敬业图强，克勤克俭，毋怠毋荒。"由于买不起纸笔，母亲只好以芦荻作笔，以沙地作纸，教欧阳修认字。这就是"画荻教子"的来历。正因为欧阳修是一个孝子，谨记母亲的教诲，立身行事，严格要求自己，廉洁奉公，不牟私利，最终成为一代名相、诗词大家。

（三）孝德，是"礼"之表

在孝道的具体行为规范中，也体现出了礼的种种要求。《为政》云："孟懿子问孝。子曰：'无违……生，事之以礼；死，葬之以礼，祭之以礼。'"孔子在这里强调了孝子在侍奉父母由生到死的过程中，都要遵循礼的要求。同时，他强调了"无违"的原则，无违于礼是对子女尽孝的基本要求。《孝经·卿大夫章第四》中也提到："非先王之法服不敢服，非先王之法言不敢道，非先王之德行不敢行。是故非法不言，非道不行；口无择言，身无择行；言满天下无口过，行满天下无怨恶。三者备矣，然后能守其宗庙。盖卿大夫之孝也。"这里强调了遵循礼法之道在孝道中的重要性。由此可以看出，孝是礼的内涵之一，礼是孝的表现形式。

（四）孝德，是"忠"之品

"孝"向外的延伸是"移孝为忠"，以孝为忠。忠即是忠诚、忠信。儒家文化建立在西周宗法制度的基础上，由此父子之间的孝便演化成了君臣之间的忠。《孝经·广扬名章第十四》中谈到"君子之事亲孝，故忠可移于君；事兄悌，故顺可移于长；居家理，故治可移于官"，可见忠孝相通，孝上升到国家层面即是忠，孝是国家行政的依托。《颜渊》篇中"君君，臣臣，父父，子子"的思想，便体现了君臣与父子、忠与孝的一致性。君子讲求"求忠臣于孝子之门"，《子罕》篇中

"出则事公卿，入则事父兄"的观念，都体现了忠与孝的思想在国家统治中的统一性。

在中国历史上，许多忠义之士都是大孝之人。宋朝的岳飞"壮志饥餐胡虏肉，笑谈渴饮匈奴血"，明朝的文天祥"人生自古谁无死，留取丹心照汗青"，清朝的林则徐"苟利国家生死以，岂因祸福避趋之"，近代的谭嗣同"我自横刀向天笑，去留肝胆两昆仑"等，都是从"孝"变为"忠"，把祖国的兴亡看得高于一切，不惜牺牲个人的生命，用铁骨铮铮的忠诚，捍卫国家的独立，维护民族的尊严和社会的正义。

三、孝道是立身、齐家、强国的道德基石

孝道以敬爱父母的情感和责任立身，净化了人类的心灵，进而赡养、孝亲、悦亲，规范了家庭的人伦关系，再进而由爱父母到爱众生、爱乡土、爱祖国，促进了社会的和谐，这就是"孝"在当代的价值。

（一）孝道是个人立身之基

孝是培养健全人格的基础。孝敬父母代表了一个人的基本品行，一个人如果连自己的父母都不孝敬和爱戴，又何谈尊敬别人。一般来说，一个行孝的人，是一

个善良的人，懂得感恩的人。

所谓"立身"指的是子女应该严格要求自己，让自己能够得到更好的发展。立身可以说是《孝经》中讲的行孝的起点。简单而言，对于自己的身体以及生命都需要好好爱护，这是孝道的一个最基本的前提。除此之外，为了父母的血脉延续，还需要生儿育女。我们对立身的解读应该是，要懂得积德行善，不要做坏事影响到自己先祖的名誉。同时，在社会中应该懂得尊老爱幼，这样才能够得到更多人的称赞与认可，才能够在真正意义上完成立身，实现最终孝道。

（二）孝道是传扬中国好家风的核心内容

忠孝传家是中国好家风的核心精神。一门好家风，三代好儿郎。孝，解决了家庭伦理中代际传承的连续性。过去，有一些家庭之所以能三代同堂、四代同堂，就是因为有了"孝"这个纲常，"孝"成为家庭和谐的凝聚力，孝道很好地协调了一个家庭或一个家族之中的长幼关系、代际关系，从而建立起和谐的人际关系。"孝"一头连着父母，一头连着子女，祖、子、孙三代联系的重要纽带就是"孝"，如没有这一纽带，"家"也就无法传承下去。

（三）孝道是社会和谐、安宁的法宝

《孝经·三才章第七》曰："天地之经，而民是则之。则天之明，因地之利，以顺天下。是以其教不肃而成，其政不严而治。先王见教之可以化民也，是故先之以博爱，而民莫遗其亲；陈之以德义，而民兴行。"《孝经》在这里指出：天地有其自然法则，人类以其为典范，从其法则中领悟到孝道并遵循它。效法上天那永恒不变的规律，利用大地自然四季中的优势，顺乎自然规律对天下民众施以政教。因此对于人民的教化不用严肃施行就可成功，对于人民的管理不用严厉推行就能得以治理。从前的贤明君主看到通过教育可以感化民众，所以他亲自带头，实行博爱，于是就没有人会遗弃自己的双亲；向人民陈述道德、礼义，人民就会主动去遵行。《孝经》主张以德治人，人们就会孝亲，自觉实行德义。这个"德"的核心内容就是"孝"。

《孝经·孝治章第八》还论述了王以孝道治天下的道理。子曰："昔者明王之以孝治天下也，不敢遗小国之臣，而况于公、侯、伯、子、男乎？……夫然，故生则亲安之，祭则鬼享之，是以天下和平，灾害不生，祸乱不作。"孔子说："从前圣明的帝王是以孝道治理天下的，即便是对极卑微的小国的臣属都待之以礼，不敢遗忘与疏忽，更何况是对公、侯、伯、子、男这样的诸侯呢。……只有这样，才会让父母在世时安乐、祥和地生活，死后灵魂也能安然享受到后代的祭奠。正因为这样，天下才祥和太平，自然灾害不会发生，人为的祸乱也不会出现。

《孝经》认为，孝从个人做起，从家庭做起，推广到社会则是忠和礼。"君子立孝，其忠之用，礼之贵"，指孝有两大原则——忠和礼："君子之孝也，忠爱以敬，反是乱也。"今天，我们的社会进入了老龄化的阶段，可以称之为"银色浪潮"。"老有所养"成为一个突出的社会问题。

国家统计局数据显示，2018年末，全国0~15岁人口为24 860万人，占总人口的17.8%；16~59岁人口为89 729万人，占64.3%；60岁及以上人口为24 949万人，占17.9%，其中，65岁及以上人口为16 658万人，占11.9%。与2017年末相比，老年人口比例持续上升，其中，60岁及以上人口增加859万人，比例上升0.6百分点；65岁及以上人口增加827万人，比例上升0.5百分点，人口老龄化程度持续加深。

　　解决养老问题，一方面要健全社会保障体系；另一方面，居家养老也是社会养老所无法替代的。家庭养老对老人生活照料的细致、对老人情感的抚慰发挥着独特的作用。为此，孝道的推广，不但关系到老人的幸福安康，也关系到国家和社会的长治久安。

第三讲 《孝经》讲述了中国孝道的基本内涵

什么是"孝"，让我们先看看汉字"孝"中所包含的文化信息。

"孝"字，甲骨文为𡥫，像一个须发飘拂的老者，在孩子的搀扶下行走的样子。金文为𦒗，上部是面朝左、长头发的驼背老人，老人之下有"子"，像一个老人趴在儿子的背上。小篆为𦒥，形状和意思与金文基本一致。

《说文解字·老部》："孝，善事父母者。从老省，从子；子承老也。"本义为孝顺父母。孝，是善于侍奉父母的人。由老省，由子会意，表示子女承奉父母。

《孝经》对"孝行"的论述是很具体的，包括了"事生"和"事死"，事生，即孝敬父母，照顾父母的生活起居；事死就是祭祀之礼。《孝经》里的"事亲"，包括归亲延亲、养亲敬亲、疗亲侍亲、顺亲谏亲、健亲守亲、葬亲祭亲。我在这里主要讲四个方面，即孝道的起点和终点、中国孝道的行为规范、不同社会阶层的孝道要求和不孝的各种行为表现。

一、孝道的起点和终点

《孝经》在《开宗明义第一》中讲道："身体发肤，

受之父母，不敢毁伤，孝之始也。立身行道，扬名于后世，以显父母，孝之终也。夫孝，始于事亲，中于事君，终于立身。"这段话讲了如下几个意思：

第一，孝要自尊自爱。孝由自爱开始，体现了孔子的生命意识。如果失去了生命，就失去了行孝的依据。一个人的身体、四肢、毛发、皮肤，都是从父母那里得来的，所以要特别珍惜爱护，不能损坏伤残，这是孝的开始和基础。在这里关键是如何理解"不敢毁伤"。《礼记·祭义篇》乐正子春云："……吾闻诸曾子，曾子闻诸夫子曰：'天之所生，地之所养，惟人为大。父母全而生之，子全而归之，可谓孝矣；不亏其体，不辱其身，可谓全矣……'"孔传："能自保全而无刑伤，则其所以为孝之始者也。"古代男子留辫子，大概也是出于这一理念。《三国演义》里曹操的战马蹂坏了老百姓的农作物，曹操割发代罚，以严明军纪。古代的女人缠脚，其实是违背了孝道的。今天，许多人对这个起点、基点，往往都难以做到。比如"亏其体"，即自残和自杀。自残和自杀均属于自伤。

2018年国家统计局公布的数据显示，中国每年因自杀死亡的人数高达28.7万。而因失学、下岗、婚姻问题等引起的各种心理问题，其人数则是精神疾病和自杀人数总和的10倍以上。

随着抑郁症患者人数的增多，自杀现象也在增多，这是一种不孝的行为。至于他伤，那就更多了。由于人们安全意识的薄弱，因工伤和意外事故致残也不少见。每年仅交通事故，死亡人数约10万人。又如辱其身，也是很常见的。最为突出的是犯罪，使家门受辱，父母蒙耻。为此，孝最起码的是要自重、自珍、自爱，用健全的身体、正常的生命去履行孝的权利、责任和义务。

孝，不但是金钱、精力的付出，同时也是爱的情感奉献。孝的本质是爱，是一种对家庭、对社会、对生命的爱，它是一种情感的依托，是一种精神的眷恋。身体发肤，受之父母，爱父母首先要自尊自强、自信自爱，亦舒先生说"自爱，沉稳，而后爱人"，爱人的出发点在于爱己，下雨记得打伞，别让爱我们的人操心；开车小心驾驶，别让爱我们的父母担忧。要学会珍爱自己，感恩父母为我们带来生命，拒绝诱惑，洁身自好。

第二，孝要移孝为忠。"中于事君"，就是以为君子效忠、服务为行孝的中级阶段。孔传："四十以往，所谓中也，仕服官政，行其典谊，奉法无贰，事君之道也。"今天，这个"忠"的内涵发生了变化，是忠于祖国、忠于人民、忠于党，是服务社会，是为社会作出贡献。一个人为国家、为社会作出贡献，是忠孝的体现。

1964年，黄旭华带领团队研制出我国第一艘核潜艇，使我国成为继美、苏、英、法之后世界上第五个拥有核潜艇的国家。1988年初，核潜艇按设计极限在南海做深潜试验。黄旭华亲自下潜至水下300米。至水下300米时，核潜艇的艇壳每平方厘米要承受30公斤的压力，黄旭华指挥试验人员记录各项有关数据，并获得成功，成为世界上核潜艇总设计师亲自下水做深潜试验的第一人。

由于严格的保密制度，长期以来，黄旭华不能向亲友透露自己实际上是干什么的，也由于研制工作实在太紧张，从1958年至1986年，他没有回过一次老家探望双亲。直到2013年，他的事迹逐渐"曝光"，亲友们才得知原委。

1988年南海深潜试验时，黄旭华顺道探视老母，母子相见却无语凝噎。近30年再相见，62岁的黄旭华也已双鬓染上白发。面对亲人，面对事业，黄旭华隐姓埋名三十载，默默无闻，寂然无名。

　　黄旭华为中国核潜艇事业的发展作出了重要贡献，在核潜艇水下发射运载火箭的多次海上试验任务中，作为核潜艇工程总设计师、副指挥，开拓了中国核潜艇的研制领域，被誉为"中国核潜艇之父"。

　　黄旭华为了国家的利益，隐姓埋名三十载，虽然不能为父母尽孝，却为国家作出了重大的贡献，在忠孝难两全的情况下，他选择了"忠"，这是大孝的行为，《孝经》对此是给予称道和肯定的。

　　第三，孝要"建功扬名"。一个人要建功立业，遵循天道，扬名于后世，使父母荣耀显赫，这是孝的终了，是圆满的、理想的孝行。这个孝的终极目标，其实就是儒家所提出的"三不朽"，即立德、立言、立功。"为天地立心，为生民立命，为往圣继绝学，为万世开太平。"这个终点用今天的话来说，就是把个人的价值融入对社会的奉献之中，将实现个人的志向、实现家庭的荣耀与为国家作出贡献相统一。当然这个要求是很高的，只有少数人可以做到。但这是实行孝行的目标，每个人都要为之努力。

北宋著名的政治家、文学家范仲淹，以范氏祖训为座右铭："孝道当竭力，忠勇表丹诚；兄弟互相助，慈悲无过境。勤读圣贤书，尊师如重亲……"他勤政为民，主张改革，政绩卓著，文学成就突出，以"先天下之忧而忧，后天下之乐而乐"的胸怀，激励无数仁人志士刻苦奋起，为国分忧，为国争光！他是大孝的典范。

二、中国孝道的行为规范

《孝经·纪孝行章第十》对孝道的行为规范提出了具体的要求："子曰：'孝子之事亲也，居则致其敬，养则致其乐，病则致其忧，丧则致其哀，祭则致其严。五者备矣，然后能事亲。'"这段话讲了"居、养、病、丧、祭"五个方面的孝行，概括起来包含如下内容：

（一）孝最核心的精神是恭敬

孔子说孝不只是奉养父母。孝有三个层面，而奉养父母是最低的层面。《礼记·祭义篇》说：最高层面的孝是"大孝尊亲"，尊敬亲人；其次是"弗辱"，不让父母遭受耻辱；最低层面的就是"其下能养"。因此有"孝子之至，莫大于尊亲"的说法。

孝是发自内心的敬爱。孔子在《论语》中有许多地方讲到孝。"子游问孝。子曰：'今之孝者，是谓能养。至于犬马，皆能有养。不敬，何以别乎？'"孔子说：现在所谓的孝，是指能够侍奉父母。就连犬马，也都能做到。如果少了尊敬，又怎么能区别两者呢？孔子在这里讲孝的核心是要有尊敬之心。

为什么孔子认为，能够赡养父母只是孝的低层面要求呢？

孔子说了一个非常简单又深刻的道理。如果只是养活父母，那么能叫孝吗？不能，因为这不就和养狗、猫、马、牛、羊、猪等动物一样了吗？

比如今天我们养宠物，大家对宠物一片爱心，买饲料，给宠物洗澡，甚至还给它们做美容、按摩等。天冷了，还给它们穿衣服，定时陪着它们散步。宠物生病了，赶紧送宠物医院。有人这样尽心照顾宠物，还真赛过了照顾自己的父母。但是这是养动物，你能说这是孝吗？孝，不仅是养，还要尊重、敬重。

孔子的弟子子夏也问什么是孝。子曰："色难。有事，弟子服其劳；有酒食，先生馔，曾是以为孝乎？"孔子认为子女保持和悦的脸色是最难的。有事要办时，年轻人代劳；有酒食时，让年老的人吃喝，这样就可以算孝顺了吗？孝顺出于子女爱父母之心，这种爱心表现为和悦的神情和脸色。而要做到这一点比为父母做事与让父母吃饱穿暖要难得多。

《大戴礼记·曾子本孝》中说："养可能也，敬为难；敬可能也，安为难；安可能也，久为难。久可能也，卒为难。"曾子认为物质的赡养是不难的，心存恭敬比较难；恭敬可以做到，但让父母心安则比较难。使父母长久地安乐及有一个完美的终结是最为困难的。当下许多人让父母衣食无忧、吃饱穿暖是可以做到的。但面对父母的唠叨以及生活的拖累，有些人有时会表现出不耐烦、不高兴，没有好脸色。

曾经有人做过一次问卷调查，了解现代人孝行中的"色难"状况。调查显示，100位老人见到后辈儿孙时，有91个人表情愉悦，面带微笑；有5个人显得很平静；有4个人面带期待与希冀。而100个儿孙遇见长辈时，有46个人板着面孔，显得冷淡，脸色难看；有41个人平淡无情，无动于衷；只有13个人笑脸相迎，嘘寒问暖，情意融融。

以上调查数据不一定十分准确，但从侧面反映出当前突出的家庭与社会问题。

当年，孔子在回答子夏关于孝道的问题时就哀叹过"色难"，指责子孙们对老人孝心不足，脸色难看。哪曾想，两千多年过去了，晚辈对长辈依然"色难"。不过，现在的独生子女一方面要承受社会竞争的压力，另一方面又要承担赡养双方老人的重任，真的有点不堪重负，"色难"就难免了。一般来说，当今供养老人吃穿并不难，难就难在对老人的精神赡养上。其实，克服"色难"并不难。常回家看看，为老人端上一杯热水，陪老人坐坐，多一些问候，多一些笑脸，如此而已。

今天，人们把子女和颜悦色奉养父母或承顺父母的脸色称为"色养"。

我们服侍父母，不顾辛劳，能够事尽"色养"之孝，那么就由"食养"层面提升到"色养"层面了。

"恭敬"与"感恩"是互为表里的，是一种情感的积淀。我们拥有的最宝贵的东西，却常常被忽略，如阳光和空气、父母的爱等。

一个女孩因与妈妈怄气离家出走。走得久了，十分饥饿，但她身上没有钱，于是就向一个馄饨铺的阿姨说明情况，想吃点东西。这位阿姨人很好，就给了女孩一碗馄饨。吃过之后，女孩一再表示感谢。阿姨说："我只不过给了你一碗馄饨，你就这样感谢我，而你妈妈十几年如一日，不知给你做了多少顿饭，你说过感谢的话吗？"女孩听后，心里感到十分惭愧，再次感谢之后，就回家了。

最亲近的人给予我们是最多的，但往往被我们忽略了。"不敬其亲而敬他人者，谓之悖礼。"没有起码的孝道，不尊重自己的父母，你对别人再好，人家也不肯相信。因此，我们要从"孝"做起，孝敬父母，进而友爱他人，忠于国家，成为一个知书达礼、礼敬他人的人。

（二）孝最可贵的是让父母享受精神的愉悦

"养则致其乐"，意思是供养饮食，照顾父母，使他们快乐。这是指精神的赡养、精神的满足。"孝"谐音"笑"，孝就是让父母笑口常开、舒心愉快。所罗门有一句格言："智慧之子使父亲欢乐，愚昧之子使母亲蒙羞。"子女给父母带来快乐，一般来说，应该是顺从、遂志。孔子在《论语》中说过，观察一个人，要看他在父亲活着的时候选择什么志向，在父亲过世以后有什么行为表现。如果他能三年不改变品格和行为，就称得上孝顺了。孝与顺两个字是结合在一起的，孝是顺从父母的意志，"致其乐"首先是关心和陪伴。对于年纪越来越大的父母来说，物质的满足并不是最主要的，他们最缺乏的是陪伴、感情交流。许多子女远离他乡，或者工作繁忙，对父母的陪伴是很少的，"致其乐"就更谈不上了。其次是交流和理解。子女有空和父母说说话，谈谈学习、工作上的困扰，这种情感的交流是父母最期待的。再次就是让老人感到"被需要"。可怜天下父母心，付出了一辈子，到了最后，父母还是希望自己能被子女需要与依靠，这种"被需要"让父母有成就感，还能拥有快乐的心情。香港艺人刘德华不但唱歌好听，拍戏也不错，同时还是个孝子。

前几年有几个单位搞了"演艺界十大孝子"的评选活动，香港艺人刘德华获得了"十大孝子"的特别奖。刘德华之所以获奖，是因为他十分珍惜和父母在一起的时间，只要一回到香港就一定要和父母聚餐。

他坚持一个原则，每年都要安排10天时间陪父母去旅行。有一年的父亲节，刘德华将父亲带到自己的歌迷会上，祝父亲节日快乐。刘德华跪在地上为父亲献上大蛋糕，还亲手在T恤上写上："衫生有幸"做您的儿子。

（三）孝最难的是对父母的心理抚慰

孔子在《论语》中说："父母之年，不可不知也。一则以喜，一则以惧。"意思是：父母亲的年纪，做子女的不能不记得。一方面为了他们得享高寿而欢喜，另一方面也为他们日渐老迈而忧虑。

有一个"挨杖伤老"的故事，讲的就是这种情况。

汉朝时，有个叫韩伯愈的人，本性纯良，孝敬父母，是一位有名的孝子。他的母亲对他管教很严格，稍微有点过失，举杖就打。有一天伯愈在挨打时，竟然悲哀哭泣。他母亲觉得奇怪，问道："往常打你时，你都能理解，今天为什么哭泣？"伯愈回答道："往常打我，我觉得疼痛，明白母亲还有力气，身体健康，但是今天我感觉不到疼痛，明白母亲身体衰退，体力微弱。所以禁不住悲哀流下了泪水。"

有诗颂曰：体念母亲情至忱，母棰轻重甚关心。一朝知母力衰退，顿起心酸泪湿襟。

"病则致其忧"，意思是说在父母生病时，要充分地表达出对父母健康的忧虑关切。

俗话说"久病床前无孝子"，父母生病，子女除了寻医求药外，还要加以心理抚慰。患者内心往往是很脆弱的，心理安慰能够增强其战胜疾病的信心。陈毅元帅在这方面给我们树立了榜样。

陈毅的母亲年高病重，瘫痪在床，生活不能自理。见到儿子来探望自己，她非常高兴，正要和儿子打招呼，忽然想起换下来的尿湿的裤子还放在床边，就示意身边的人把它藏到床底下。

陈毅见到久别的母亲，心里也非常激动，他连忙走上前去拉住母亲的手，亲切地问这问那。

过了一会儿，陈毅问母亲："娘，我进来的时候，你们把什么东西藏在床底下了？"母亲看着瞒不过去，只好说出了实情。

陈毅听了说："娘，您久病卧床，我不能在您身边侍候，心里非常难过，这裤子由我去洗吧！"

母亲硬拦住，不肯让他洗，并说："你是国家干部，做大事的，又大老远回来，快歇歇吧！和娘聊聊天。"

这时，陈毅的妻子张茜也抢着要去洗裤子。陈毅急忙说："我小的时候，您不知为我洗过多少条尿裤子。

今天，我就是洗上10条裤子，也报答不了您的养育之恩呀！"

陈毅说完，就从妻子的手里接过尿湿了的裤子和其他一些脏衣服，放在洗衣盆里，一边洗着衣服，一边和母亲叙谈起来。

陈毅元帅既是一位立马横刀的元帅、叱咤风云的外交家，也是一位可亲可敬的大孝子。

（四）孝在丧和祭上表现为哀伤和悼念

"丧则致其哀，祭则致其严。"意思是父母去世了，要竭尽悲哀之情料理后事；对先人的祭祀，要敬仰严肃地对待。治丧、祭祀的关键在于心怀悲痛和敬仰，这是一种内在情感的流露。如今，有些人只求形式的隆重，而丢掉了内心的悲戚，讲排场，比阔气，薄养厚葬，这其实是违反孝道的要求的。《孝经·丧亲章第十八》曰："生事爱敬，死事哀戚，生民之本尽矣，死生之义备矣，孝子之事亲终矣。"父母在世之时，以爱和敬来奉事他们，父母去世以后，要怀着悲哀之情料理丧事。这样人生的根本大事就算尽到了，养生送死的礼仪也算完备了，孝子事亲之道也就完成了。

　　许世友将军践行了《孝经》所说的"孝子之事亲终矣"的教导。

　　许世友将军出生在河南一个贫苦农民家庭，童年过着放牛、砍柴、吃糠咽菜的生活。他在嵩山少林寺学武多年，练得一身好武功。后来在军队里从班长、排长、连长一直升到将军。

　　许世友幼年丧父，从小跟母亲相依为命。参军以后，不能和母亲在一起，未能尽到自己的一份孝心，为此他愧疚万分。战争期间，部队路过家乡时，他曾两次冒死回家看望母亲。

　　1952年，他任山东军区司令员时，请假探望母亲，见了母亲，长跪不起，众人百般劝慰才把他扶起来。

　　1959年，他因军务又一次路过家门，见74岁的老母亲还在砍柴、喂猪，不禁泪流满面。

　　母亲病危时，他因公务缠身，未能及时赶回去给老人送终，成为终生憾事。他发下誓愿：自己死后，一定要与母亲做伴。

　　20世纪50年代，绝大多数共产党高级干部都在实行火葬的倡议书上签名，唯独许世友没有签字。他表示死后不火化。许世友说："我死后和母亲埋在一起。我从小离开家，没有在母亲身边尽孝道，死后要和她老人家做伴。"

1979年，他给大儿子许光写了一封信："许光：邮去现金伍拾元整，用这笔钱给我买一口棺材。我死后不火化，要埋到家乡去，埋到父母身边，活着精忠报国，死了要孝敬父母。我今年74岁了，身体很好，活到八九十岁，也只有十多年了，你们可以先做准备。"1985年10月22日，许世友辞世，对还乡土葬一事，邓小平的批示是："下不为例。"遵从他的遗愿，灵柩运回故乡埋葬。

王震代表邓小平去南京吊丧，说："许世友在60年戎马生涯中，战功赫赫，百死一生，是一位具有特殊性格、特殊经历、特殊贡献的特殊人物。邓小平同志签的特殊通行证，这是特殊的特殊。"

许世友的孝心令人感动，我们从中可以看到一个将军、一个至孝者的"孝"的分量与庄严。

以上讲了孝道四个方面的行为规范，其实更为重要的是行动及时。"树欲静而风不止，子欲养而亲不待。"人生最不能等的两件事就是尽孝和行善。要等到想孝顺父母的时候才尽孝，或许已经没有机会了，只能留下深深的遗憾！

三、不同社会阶层的孝道要求

《孝经》从第二至六章对五个不同社会阶层的人，按尊卑次序分述了天子、诸侯、卿大夫、士、庶人的五种孝行。从孝行的要求看，位尊者对其要求也越高。下面分别对这五个阶层的人的孝行作一些介绍。

（一）天子之孝

子曰："爱亲者，不敢恶于人；敬亲者，不敢慢于人。爱敬尽于事亲，而德教加于百姓，刑于四海。盖天子之孝也。《甫刑》云：'一人有庆，兆民赖之。'"

孔子说："能够亲爱自己父母的人，就不会厌恶别人的父母；能够尊敬自己父母的人，也就不会怠慢别人的父母。以亲爱恭敬的心情尽心尽力地侍奉双亲，而将至高无上的德行教化施之于黎民百姓，使天下百姓遵从效法，这就是天子的孝道呀！《尚书·甫刑》说：'天子有善行，万方民众都依赖他，国家便能长治久安。'"

天子之孝，其核心的内容是移孝于爱民，要把对自己父母的亲爱之心，即孝心扩大到爱天下所有的父母，以仁爱对待天下百姓，施以仁政。同时，要加强对百姓的道德教育，用天子的孝行与德行，为人民树立榜样。

在这方面，舜可以说是帝王的典范。

舜，传说中的远古帝王，姓姚，名重华，号有虞氏，史称虞舜。舜生于姚墟（今山东菏泽东北）。相传，他的父亲瞽叟及继母、异母弟象多次想害死他。

一次，瞽叟谎称谷仓漏雨，叫舜上屋顶修补。等舜上去之后，象把梯子搬走，瞽叟在下面点火焚烧。舜连忙穿上蓑衣，戴上斗笠，张开双手，像老鹰一样从屋顶上纵身跳下，落到柴草堆上，安然无恙。

还有一次，瞽叟叫舜挖井，井快要挖好了，瞽叟与象却一起把挖上来的土回填到井里。舜想办法把新井和旁边的旧枯井挖通，钻到旧枯井中，然后设法爬了上来。事后，舜毫不怨恨，仍对父亲恭顺，对弟弟慈爱。

他的孝行感动了天帝，舜在历山耕种时，大象替他耕地，鸟代他锄草。帝尧听说舜非常孝顺，有处理政事的才干，就把两个女儿娥皇和女英嫁给他。同时，经过多年观察与考验，尧选定舜做他的继承人。舜登天子位后，去看望父亲，仍然恭恭敬敬，并封象为诸侯。

舜帝以孝德治理天下的故事给我们的启示是：要以德对待一切人，包括亲人、仇人和普通民众。对待亲人尊敬、关心，这是有仁爱之心的开始；对仇人以德报怨，感化对方，这是仁爱之心的彰显；对待普通民众施以恩德，天下响应，这是仁爱之心的必然结果。在家国一体、忠孝合一的时代，以孝治家和以忠治国是相通的。

"圣治"与"孝治"相比，又提升了一个档次。圣治重点说明了三个方面的问题：一是把孝德提升到了祭祀配天的高度，用一种宗教信仰约束和教化民众。二是强调肃教政严，突出敬畏之心。父母在子女中的尊严从小形成，圣人依据这种天性，教他们"爱"与"敬"的道理。三是强调君臣之义的合情合理。"父子之道，天性也，君臣之义也。"所谓的天性，就是自然规律，是客观的，不以人的意志为转移。

习近平既是国家领袖，也是一名孝子。有一张他与母亲携手散步的照片，温馨而充满浓浓的亲情。他对父亲同样很孝敬。

2001年10月15日，家人为习仲勋在深圳举办88岁寿宴，这也是习家人难得的一次大团聚，唯独缺席任福建省省长的习近平。作为一省之长，他实在是公务繁忙，难以脱身，于是抱愧地给父亲写了一封拜寿信。这封信既充满了对父亲生日的真心祝福，也有不能亲临父亲身旁的遗憾，但更多的是表达对父亲人格与品德、胸怀与作风、信仰与追求的崇敬之情，表达了传承父亲的好作风、好家风，投身于共产主义事业，为人民服务的坚定决心。

下面，让我们读读他写的这封家书：

敬爱的爸爸：

今天是您的88周岁生日，中国人将之称为米寿。若按旧历虚两岁的话，又是您90岁大寿。这是一个值得庆祝的大喜日子。昨晚我辗转反侧，夜不能寐，既为庆祝您的生日而激动，又因未能前往祝寿而感到遗憾和自责。

自我呱呱落地以来，已随父母相伴48年，对父母的认知也和对父母的感情一样，久而弥深。我从您身上要继承和学习的高尚品质很多，最主要的有如下几点：

一是学您做人。爸爸年高德劭，深受广大人民群众和我党同志、党外人士的尊敬。这主要是您为人坦诚忠厚、谦虚谨慎、光明磊落、宽宏大度。您一辈子没有整过人，坚持真理不说假话，并且要求我也这样做。我已把你的教诲牢记在心，身体力行。

二是学您做事。爸爸自少年就投身革命，几十年来勤勤恳恳、艰苦奋斗，为党和人民建功立业，我辈与您相比，实觉汗颜。特别是您对自己的革命业绩视如过眼烟云，从不居功，从不张扬，更值得我辈学习和效仿。

三是学习您对共产主义信仰的执着追求。无论是白色恐怖的年代，还是极左路线时期；无论是受人诬陷，还是身处逆境，爸爸对共产主义的信念仍坚定不移，相信我们的党是伟大的、正确的、光荣的。您的言行为我们指明了正确的前进方向。

四是学您的赤子情怀。爸爸是一个农民的儿子，热爱中国人民，热爱革命战友，热爱家乡父老，热爱您的父母、妻子、儿女。您自己博大的爱，影响着周围的人们。您像一头老黄牛，为中国人民默默地耕耘着。这也激励着我将毕生精力投入到为人民服务的事业中去。

五是学您的俭朴生活。爸爸平生一贯崇尚节俭，有时几近苛刻。家教的严格，是众所周知的。我们从小就是在您的这种教育下，养成勤俭持家习惯的。这样的好家风我辈将世代相传。

此时此刻，百感交集，书不尽言，上述几点，不能表达我的心情于万一。我衷心遥祝尊敬的爸爸健康长寿，幸福愉快！

儿　近平叩首

2001年10月15日

（习近平：《给爸爸88周岁生日的贺信》，原载《习仲勋革命生涯》，中共党史出版社、中国文史出版社2002年版，第668—669页）

从这封信中可以看到习近平对父亲的敬爱之情，信中表达了他把对父母的孝转为对百姓的爱，为了国家富强、人民幸福、民族复兴，他夙夜在公，呕心沥血，万分辛劳，体现了一个大国领袖一心为民、为国的仁爱之心，是名副其实的大孝。

（二）诸侯之孝

《孝经·诸侯章第三》曰："在上不骄，高而不危；制节谨度，满而不溢。高而不危，所以长守贵也。满而不溢，所以长守富也。富贵不离其身，然后能保其社稷，而和其民人。盖诸侯之孝也。《诗》云：'战战兢兢，如临深渊，如履薄冰。'"

　　这段话的意思是说：身为诸侯，身居高位而不骄傲，尽管高高在上也不会有倾覆的危险；俭省节约，慎守法度，尽管财富充裕丰盈也不会僭礼奢侈。身居高位而没有倾覆的危险，这样就能够长久地保持自己的尊贵地位；财富充裕而不奢靡挥霍，所以就能够长久地守住自己的财富。能够保持富有和尊贵，然后才能保住家国的安全，使黎民百姓和睦相处。这大概就是诸侯的孝道吧。《诗经·小雅·小旻》篇中说："战战兢兢，就像身临深水潭边恐怕坠落，脚踩薄冰之上担心陷下去那样，小心谨慎地处事。"

　　《孝经》在这里讲的"孝"，要求除了孝敬父母、友爱亲人以外，也要把"孝"扩大至所治理的百姓中。但由于诸侯的地位和职责与天子不同，由他承担的角色所决定，故其"孝"的要求也有所不同，《孝经》在这里强调要做到如下三条：

　　一是"在上不骄"。即"孝"表现为对上的"忠"和对下的"礼"。作为诸侯，统辖一方，享有很大的"自主权"和"治理权"，俗话说："宁做小国主，不做大国臣。"由诸侯的地位、权力和职责所决定，诸侯的权力欲、贪欲会膨胀，也会由于过度的自信而傲慢、专横，对上会自觉或不自觉地表现出不忠、不敬，甚至阳奉阴违；对下表现轻蔑，甚至训斥、责骂。这样，必然会失去上级的信任和下级的支持，从而处于危险的境地，所以《孝经》说，这样就不能"长守贵也"。有一个例子可以说明"谦以待下"，"不以身贵而贱人"，才能笼络人才、拥有人才，事业才能得到扶助。

西汉末年，群雄争霸。马援原来是西州大将军隗嚣的下属，隗嚣当时占据着河西走廊一带，与东边的刘秀、西南边的公孙述形成鼎足之势。隗嚣听说公孙述准备在蜀地称王，于是派马援前去见刘秀和公孙述，以决定自己的去从。

马援与公孙述原先是同乡，从小非常要好。这次去见公孙述时，公孙述摆着架子，以帝王身份自居，前呼后拥。在布置好了排场和卫士后，他才接见马援。

马援见公孙述如此傲慢，即离他而去。

马援又去洛阳见刘秀，刘秀并没有升堂坐殿，而是独自一人去洛阳宫宣德殿中会见了马援，笑着对马援说："贵客敢往来于两个皇帝之间，见多识广。今天有幸见到贵客，真是深感荣幸。"

马援见刘秀说话如此谦虚，说道："当今之世，不但皇帝选择贤臣下，臣下也会选择贤君。"并疑惑地问刘秀难道不怕自己是刺客吗。刘秀告诉他，自己只把他当成使者，对使者应当以礼相待。马援回去后，对隗嚣谈起公孙述，认为公孙述只是井底之蛙，妄自尊大。而对于刘秀，马援认为他才是真正的帝王之才，赞叹道："我和他见了数十次面，谈得非常投机。刘秀才智过人，勇略无敌；而且推诚相见，无所隐伏，心胸阔达，待人谦逊，就像当年汉高祖一样。"

隗嚣听后，打消了心中的疑虑，便将儿子隗恂送到东都洛阳，表示效忠刘秀。马援也随后带领家属前往洛阳，成了刘秀身边的一员名将。

"良禽择木而栖。"刘秀以礼待下，尊重他人，也得到了他人的尊敬，获得了得力的助手。最后打败了其他诸侯获得了江山。

二是"制节谨度"。即"孝"表现为持家的勤俭节约，为政的节省民力。"历览前贤国与家，成由勤俭破由奢。"奢侈、浪费是一个家庭、一个国家走向衰败的预兆。财富的积累既要"开源"，也要"节流"。作为诸侯，一定要爱惜民力，节制个人的欲望，防止好大喜功，为追求"面子工程"，大兴土木，劳民伤财，这其实是从孝到仁爱百姓的体现。

三是"如履薄冰"。即"孝"表现为对百姓的负责和担当。作为诸侯，要长守富和贵，还必须"战战兢兢，如临深渊，如履薄冰"。这就要求常怀敬畏之心，小心决策，谨言慎行。诸侯其实是一个"高危"职业，表面看挺风光，前呼后拥，呼风唤雨，实则背后危机重重。首先，面临着权、利、色、名的诱惑。假如缺乏定力，就会落入圈套，"一失足成千古恨"；假如不懂节制，野心膨胀，"因嫌纱帽小，致使锁枷扛"。其次，承担的责任重。诸侯每做一项决策、举措，都关系民生福祉。俗话说："无官一身轻。"诸侯要做爱民、利民之事，必须权衡利弊，既勇于担当，又善于负责，这其实也是从孝到仁爱百姓的延伸。只有这样，才能从"守富贵"进而达到"保社稷""和其民"的目的。

（三）卿大夫之孝

《孝经·卿大夫章第四》曰："非先王之法服不敢服，非先王之法言不敢道，非先王之德行不敢行。是故非法不言，非道不行；口无择言，身无择行；言满天下无口过，行满天下无怨恶。三者备矣，然后能守其宗庙。盖卿大夫之孝也。《诗》云：'夙夜匪懈，以事一人。'"

这段话的意思是说：不合乎先代圣明君王所制定的礼法的衣服不敢穿戴，不合乎先代圣明君王所说的礼法的言语不敢说，不合乎先代圣明君王实行的道德准则和行为不敢做。所以不合乎礼法的话不说，不合乎礼法道德的事不做；由于言行都能自然而然地遵守礼法道德，所以开口说话无须字斟句酌就能合乎礼法，自己的行为不必着意考虑什么能做，什么不能做。于是所说的话即便天下皆知也不会有过失之处，所做的事传遍天下也不会招致怨恨厌恶。衣饰、语言、行为这三点都能做到遵从先代圣明君王的礼法准则，然后才能守住自己祖宗的香火延续兴盛。这就是卿大夫的孝道啊！《诗经·大雅·烝民》里说："要从早到晚勤勉不懈，尽心竭力奉事天子。"

卿大夫是指辅助天子处理国家事务的高级官员，地位次于诸侯。卿大夫之孝，其核心内容是遵循先王的礼法，行先王之德。这个"德"即仁、义、礼、智、忠、信。《孝经注》云："好生恶死曰仁；临财不欲、有难相济曰义；尊卑慎序曰礼；智深识远曰智；平直不移曰忠；信义可覆曰信。"要做到服、言、行的齐备，即"服应法，言有则，行合道也，立身之本"。三者齐备，就是卿大夫的孝道。在这方面，包拯可以说是一个典范。

　　包拯年少时备受父母宠爱，家教甚好。在官宦世家长大的他，很有上进心。他很小就性直敦厚，知书达礼，并以孝闻名。宋仁宗天圣五年（1027）考中进士。他先任大理寺评事，后出任建昌（今江西永修）知县。赴任时，他本想带着父母一同前往，可因为父母已经年老，不愿离开故土，故没有成行。于是包拯恳求朝廷改任其为和州监税，和州（今安徽和县）与庐州相邻，但父母仍不肯随行，包拯考虑到为国尽忠之日尚长，而行孝之日渐短，父母年纪大了，自己独自赴任不放心，不能撇下年迈的父母不管，便毅然决定向朝廷请辞官职，在家照顾父母。

　　宋仁宗接到包拯的请辞后，一方面为他的孝心所感动，另一方面也因为他辞官而深深感到遗憾，迟迟没有决定。包拯辞官奉养双亲的举动传开后，受到了官吏们的交口称赞，一致建议皇上同意他辞官返乡照顾父母。

就这样，包拯在皇上的恩准下，回到家乡侍奉父母。

居家七年，包拯以孝亲闻名乡里，直到父母相继亡故，他又守墓三年，赢得"墓旁孝子"的美称。1037年，皇上召包拯入朝，随后包拯在官场从政26年，虽然任职多变，但他始终坚持"清心为治本，直道是身谋"的为官哲学，不仅为朝廷操持国事、献谋献策，而且至孝忠君、忧国爱民、秉公执法、清正廉明，在官场上不断得到擢升，成为历史上著名的"包青天"，死后被追封为"孝肃公"，为世人所歌颂。

"包公"的孝不但表现在对父母的敬爱和照顾，还表现在"临财不欲"的"廉"和"平直不移"的"忠"。

（四）士之孝

《孝经·士章第五》曰："资于事父以事母，而爱同；资于事父以事君，而敬同。故母取其爱，而君取其敬，兼之者父也。故以孝事君则忠，以敬事长则顺。忠顺不失，以事其上，然后能保其禄位，而守其祭祀。盖士之孝也。《诗》云：'夙兴夜寐，无忝尔所生。'"

这段话的意思是说：用侍奉父亲的态度去侍奉母亲，那么爱心是相同的；用侍奉父亲的态度去侍奉国君，那么崇敬之心也是相同的。所以侍奉母亲是用亲爱之心，侍奉国君是用崇敬之心，只有侍奉父亲是兼有爱心和敬心的。因此有孝行的人为国君服务必定忠诚，能敬重兄长的人对上级必定顺从。能做到忠诚顺从地侍奉国君和上级，即能保住自己的俸禄和职位，并能维持对祖先的祭祀。这就是士人的孝道啊！《诗经·小雅·小宛》里说："要早起晚睡努力工作，不要辱及生养你的父母。"

士，指国家中地位较低的官员，在卿大夫之下，庶人之上。士之孝主要内容为：一是要对父母又爱又敬；二是对家中的孝移用为对长辈的顺从；三是对家中的孝移用为对君主的忠，从而达到"保其禄位""守其祭祀"。

在传统观念中，"忠君"和"爱国"是连在一起的。为君王服务需要忠心耿耿，这种忠心是源自孝心的。我们知道，花木兰代父戍边，这是一种孝的表现；同时，征战疆场，屡建功勋，又是爱国的表现。人们常常把祖国比作母亲，也常常为自己是祖国的儿女感到骄傲和自豪。忠孝一体体现在忠以孝为前提，孝以忠为目的。只有恪守孝道的人才有忠诚的心灵，由此可见，忠士必是孝子。今天，"忠"的对象从"君王"变为对祖国、对人民、对事业以及对自己的信仰的忠诚，特别表现为报效祖国和爱国情怀。

"航天英雄"聂海胜是一个被人们公认的孝子。他一有机会就把母亲接到身边悉心照顾，尽量抽空陪母亲唠家常和旅游。为备战"神六"发射，抽不开身的他不得已让74岁的母亲返回老家居住。他说："母亲是心中最大的牵挂。"在获悉母亲在老家突发中风后，他火速赶往老家。在医护人员的全力抢救下，母亲保住了性命。三天后，他又怀着深深的悲痛和不安，匆匆赶回部队，去完成神圣的任务。深明大义的母亲虽然瘫痪在床，且已经失语，但当她从电视的画面中看到儿子在太空中遨游时，艰难地抬起尚能活动的左手，指着儿子，眼睛里流露出自豪和骄傲，脸庞挂满了笑容。早在2003年10月，老人家就曾对着电视直播中作为神舟五号首飞成员的儿子说："孩子，你是妈妈的骄傲，你是家乡的骄傲啊！"

在"忠孝"难以两全的情况下，聂海胜选择了"忠"，带给母亲的是一份心满意足的欢欣和安慰，带给祖国的是一份奉献，这种忠可以称为大孝。当然，在可能的条件下，我们还是提倡"忠孝两全"。过去我们曾经看到一些所谓的"先进典型"，忠于职守，父母病危和去世以后，既不回去看最后一面，也不奔丧。假如没有碰到重大危难的时期，这样做就显得没有"人情味"，这其实是有违孝道，不应鼓励和倡导的。

（五）庶人之孝

《孝经·庶人章第六》："用天之道，分地之利，谨身节用，以养父母。此庶人之孝也。故自天子至于庶人，孝无终始，而患不及者，未之有也。"

这段话的意思是说：遵循自然的规律，根据不同土地的性质，种植不同的作物，使之各尽其宜；行为谨慎，节省俭约，以此来供养父母，这就是普通老百姓的孝道了。所以上自天子，下至普通老百姓，不论尊卑高下，孝道是无始无终、超越时空、永恒存在的。如果有人担心自己不能做到孝，那是根本不会出现的事情。

庶人是指平民，即普通的老百姓。《礼记·祭统篇》孔颖达正义引《孝经援神契》概括"五孝"说："天子之孝曰就，诸侯曰度，大夫曰誉，士曰究，庶人曰养。"庶人之孝就是勤奋劳作，行为谨慎，节省俭约，孝其父母。庶人之孝是基本的层次，就是让父母不受饥受饿，衣食无忧。

"李忠孝母"就是一个典型的例子。

元朝的李忠，晋宁人。在他年纪很小的时候，父亲就不幸去世了。从此以后，他和母亲两人相依为命。

母亲默默承担起家庭的重任，平时，她外出耕田种菜，回到家里又要纺纱织布，打理家务，教育子女，尽心为孩子营造温暖的家庭气氛。母亲克勤克俭的生活作风和谨守节操的坚忍意志，让李忠耳濡目染、牢记在心。

俗话说："穷人家的孩子早当家。"李忠不仅早早就懂得如何去体贴和照顾母亲，还以幼小的臂膀努力分担着母亲的辛劳。

察觉母亲口渴了，他就为母亲端茶倒水；母亲外出劳作回来，他就帮母亲按肩捶背；一个人在家的时候，他就学着母亲的样子，清扫做饭；夜幕降临了，他就准备好洗脚水和床被……不知不觉中，他学会了照顾母亲、分担家务；农忙季节，他小小的身影已经陪同母亲一起忙碌在田间地头。

李忠时时处处都念着母亲的辛劳，把家中最好的一切都奉献给母亲，还想尽方法替母亲分忧解愁。孩子的孝顺，成为母亲强而有力的精神支柱，就算再苦再累，也觉得非常值得。丧失亲人的精神伤痛，就在母子之间相互的爱与关怀中被抚平。饔飧不继的日子，过得也并不觉得艰难。

乡亲们看到小小年纪的李忠对母亲如此孝敬，做事勤奋努力，都深受感动。他们不但常常伸出援助的双手，还纷纷以李忠为榜样，来教育自己的子女。

对于老百姓来说，"孝"即是"养父母"。这似乎是一种简单的要求，但其实并非如此。《吕氏春秋·孝行览》提出要做到"五养"：一是"养体"，即"修宫室，安床第，节饮食，养体之道也"。这就是要解决居住、饮食的问题。二是"养目"，即"树五色，施五彩，列文章，养目之道也"。这就是用诗画、文章去孝养。三是"养耳"，即"正六律，和五声，杂八音，养耳之道也"。这就是用音乐戏曲去孝养。四是"养口"，即"熟五谷，烹六畜，和煎调，养口之道也"。这就是满足父母的口腹之欲，提供可口而又富有营养的美食。五是"养志"，即"和颜色，说言语，敬进退，养志之道也"。这就是对父母和颜悦色，言语温和，举止有度。这些是古人赡养父母高层次的境界。现代人可以以此为标准检视自己的行为，看看是否达到这样的境界。

四、不孝的各种行为表现

《孝经》既讲了孝的行为规范，也概括了不孝的行为表现。后来，孟子对不孝的行为表现又作了概括，综合《孝经》《论语》《孟子》的论述，不孝的行为表现有如下几个方面：

（一）"骄傲、犯上、争斗"为不孝

《孝经·纪孝行章第十》："事亲者，居上不骄，为下不乱，在丑不争。居上而骄则亡，为下而乱则刑，在丑而争则兵。三者不除，虽日用三牲之养，犹为不孝也。"这段话的意思是说：侍奉父母，身居高位而不骄傲蛮横，为人臣下而不为非作乱，地位卑下要和顺相处，不与人争斗。身居高位而骄傲自大者势必要招致灭亡；为人臣下而为非作乱者免不了遭受刑罚，地位卑下争斗不休则会引起相互残杀。这骄、乱、争三项恶事不戒除，即便对父母天天用牛、羊、猪三牲的肉食尽心奉养，也还是不孝之人啊。在这里，《孝经》强调孝不能

停留在对父母物质供养的层次上，子女好品行、好性格，让父母无忧、心安才是真正的孝。当位高权重时，趾高气扬，专横跋扈，放纵欲望，最后走上了犯罪的道路，虽然让父母吃好穿暖，却让父母蒙羞、添耻，自然是不孝的行为。至于犯上作乱，喜欢争斗，致残伤身，也是不孝的行为。

（二）"阿意屈从，陷亲不义"为不孝

《孝经·谏诤章第十五》："父有争子，则身不陷于不义。故当不义，则子不可以不争于父。"孔子在《论语》中说："事父母几谏。见志不从，又敬不违，劳而不怨。"这说明了儒家思想提倡子女能够有自己独立的思想和判断正误的勇气，在看到父母有过错的时候，不要曲意附和，一味顺从，见父母有过错而不劝说，从而陷亲人于不义，要勇敢提出，否则就是不孝的行为。

"孝"是一种双向的行为，作为父母，其品德、言行必须为子女作出示范。

"孝"音同"效"，意为长辈要率先垂范，上行下效。孝行的培养首先体现在父母身上，父母对长辈的孝敬，其孝行往往会影响到下一代。孝是一种家风、家教，是一种传承。在一个家庭里，出现子女不孝之行为，其根源大多在父母身上，只要父母率先垂范，作出榜样，子女有样学样，也大多孝顺。

孔子认为对父母孝顺，是为人子女的天职。但如果父母做得不对，做子女的一定要规劝。也就是说，对父母的孝顺不能牺牲大德和大法。如果任由父母犯错，那就是陷父母于不义。当然，劝谏的方法要婉转、艺术。

"原谷谏父"是历史上有名的故事，出自《太平御览》。

原谷的爷爷老了，原谷的父母很讨厌他，就想抛弃他。原谷此时十五岁，他劝父亲说："爷爷生儿育女，一辈子勤俭度日，你怎么能因为他老就抛弃他呢？这是忘恩负义啊。"父亲不听他的劝诫，做了一辆小推车，载着爷爷，将他抛弃在野外。原谷在后边跟着，把小推车带了回来。父亲问原谷："你带这个不吉利的东西回来做什么？"原谷说："将来等你们老了，我就不必另外再做一辆，所以现在先收起来。"

父亲很是惭愧，为自己的行为感到后悔，于是就把爷爷接回来赡养了。

（三）"家贫亲老，不为禄仕"为不孝

也就是说，在家境贫穷的情况下，自己不去工作，是一种不孝。这种情况就是现在我们常说的"啃老族"，不过在这里，孔子的观点比当今社会认为成年后不工作即为"啃老"的观念更加宽容和理性，它的前提条件是"家贫"和"亲老"，在家庭贫困而父母年老的情况下，子女应当主动承担起家庭的责任。

（四）"不娶无子，绝先祖祀"为不孝

孟子说："不孝有三，无后为大。"这里的"不娶无子"，即单身。"无后为大"，要具体问题具体分析，"无后"的原因是多样的，当今患不育症的人很多，并不能仅凭是否生育来判断其孝顺与否。至于"后"，古代认为只有生儿子才是传后人，当今新时代，男女平等，无论生男生女都一样是传后人。"后"，不仅仅指后人，更重要的是，这个后人能否把家族的优秀品质传承下去。假如先有后人，却是败家子，不争气，既不能传承财富，又不能传承美德，那才是名副其实的"无后"。

（五）"惰其四支，不顾父母之养"为不孝

这句话的意思是手脚懒惰，不顾父母的生活，是为不孝。有的年轻人，整天游手好闲，懒惰不干活，对父

母的生活不闻不问，连最基本的物质赡养都做不到，更说不上"居则致其敬"了。

（六）"博弈好饮酒，不顾父母之养"为不孝

这就是说喜欢赌博、喝酒，不顾父母的生活，也是不孝的。赌博纵酒均是一种恶习。好赌、好酒必然会上瘾，俗话说"十赌九输"，赌博、好酒破财、伤身、败德，给父母带来了财物的损害、心灵的创伤和无尽的忧伤，这是典型的败家子，比浪荡子还可恶，自然也是不孝的行为。

（七）"好货财，私妻子，不顾父母之养"为不孝

贪图钱财，偏爱妻子，不顾父母的生活，这是不孝的行为。这种行为概括起来就是贪财好色。在现实生活中，娶了媳妇忘了娘的现象也是有的。有的人事事偏爱妻子，更是加剧了婆媳的矛盾，不但有违公心、孝道，也导致了婆媳不和、母子关系的紧张，其实这也是一种愚蠢的做法。

（八）"从耳目之欲，以为父母戮"为不孝

从，即为纵，放纵耳目欲望，使父母蒙受羞辱，这是不孝。许多犯罪的行为，如坑、蒙、拐、骗、打、砸、抢、贪污、受贿等都源于贪欲，损害了国家和他人

的利益，最后身败名裂，让父母蒙耻，这与给父母带来荣耀正好相反，也是不孝的行为。

（九）"好勇斗狠，以危父母"为不孝

喜欢逞勇打斗，使父母陷于危险的境地，这是不孝。有的子女性格暴戾，逞强好斗，不但伤及自身，还连累父母，有时甚至危及父母的生命安全，比如从个人的争斗，发展成家庭、家族甚至聚众械斗，导致流血事件，伤害更多的生命和损失更多的财产，这可以说是最大的不孝。

第四讲　孝道在当代中国的传扬

　　传承中国孝道，要唤醒人们的道德自觉和主体意识。儒家文化很重视人民道德主体意识的培育，孔子主张"己欲立而立人，己欲达而达人"，要"反求诸己"从我做起，养成一种道德自觉和自律。孟子认为，人异于禽兽的地方微乎其微，但恰恰是人与禽兽的"几希之别"决定了人的高贵与尊严，人的生命因此而变得光辉灿烂。因为正是借助于这"几希之别"，让人学会了尊重别人，从而学会了尊重自己；让人有了强大的人格力量和坚不可摧的意志以及无穷无尽的魅力。如果我们要讲人的自我管理，需要其在精神上自立，而精神上的自立必须借助于道德自觉。也就是说，《孝经》中的道德思想是为了实现人的自觉和自立。与此同时，也需要建立道德机制，创造良好的道德环境，使孝道成为一种社会风气，成为人们自觉遵守的行为，为此，必须注意如下几个问题：

一、取其精华，去其糟粕，赋予传统孝道以现代含义

　　《孝经》毕竟是两千多年以前的著作，必然有其局限性，如孝道中的等级观念和保守意识，为此，必须进

行创造性的转换和创造新的发展。

第一，要把忠君的思想转化为忠于祖国、忠于人民、忠于本职的孝忠思想。孝道作为政治伦理，是孝道在现代转化过程中不可回避的问题。传统孝道文化中的"移孝为忠"，是指忠于君王，带有封建性和等级性。为此，要把"忠"转化为爱国主义，要爱党、爱国家，忠于职守，对国家要有责任意识和担当意识，对自己的工作要有敬业精神。在忠诚的人的心里，职业是责任和担当，对事业的忠诚，就是担当、热爱和奉献在岗位上的体现。为此，孝表现在对工作的竭力尽心、建功立业。爱岗敬业可以说是孝在今天的具体体现。

第二，要把鲜明的等级观念转化为平等和谐的人际关系。传统孝道文化对人们有鲜明的等级划分，因此，在家庭关系和社会交往中是不平等的。要进行现代性的转化，在代际关系上追求平等和谐，促进和谐人际关系的形成，把孝道培育为互爱、互敬、互信和互相尊重、平等交流的人际交往准则，例如尊老爱幼、父慈子孝，把孝作为双向的责任义务和权利。我们讲要长幼有别，但也讲尊重平等人格，父母对子女的慈爱是一种天性，子女对父母的孝顺是一种责任，但在生活中要提倡换位思考：作为父母，对子女的学业、婚恋、择业不能横加干涉，以自己的意志去代替子女的想法和选择，应该要尊重子女的兴趣、选择，宽容子女的失误，经常性地进行对话、沟通，以达到相互理解；作为子女，既不能对父母盲从，也不能生硬地拒绝，在充分满足父母合理要求的前提下，婉转争取实现自己的理想和愿望，以达到事成、理通、心顺、情融的和谐结果。

第三，要适应时代的要求，把以物质赡养为主转变为以精神赡养为主。今天，父母基本的物质生活都已经没有太大的问题，但对精神赡养的需求与日俱增。这主要表现在要求子女的陪伴。子女的陪伴是其他人的陪伴不可取代的，唠唠家常，讲的是生活的琐事，得到的是心理满足。因为作为子女要常回家看看，不能回家看看，也应该经常通话或通过视频聊天。

第四，要把身体发肤受之父母的绝对化倾向转化为追求自尊自爱和舍生取义。对自己身体的保全无疑是重要的。但在维护国家安全与民族利益上，舍生取义是值得赞赏的。又如器官捐献，虽然有损身体的完整，但也是生命的另一种延续，应该提倡和鼓励。

二、以上率下，示范带动，唤醒全民的道德自觉

要通过精英阶层的率先垂范，唤醒人民的道德自觉和主体意识，让他们学会自我组织、自我管理。《孝经》所倡导的唤醒人民自觉的方式首先是通过领导者的孝悌来体现对人民的敬重，从"敬其父""敬其兄""敬其君"到"敬天下之为人父者""敬天下之为人兄者""敬天下之为人君者"，从"敬一人"到"敬千万人"，这种由社会上层所率先呈现的敬重人民的行为，会让人民从内心获得感动，从而产生道德自觉意识。因此，为了激发人民的道德自觉，领导者自身的行为至关重要。

《孝经·三才章第七》："先王见教之可以化民也，是故先之以博爱，而民莫遗其亲；陈之以德义，而民兴行。先之以敬让，而民不争；导之以礼乐，而民和睦；示之以好恶，而民知禁。《诗》云：'赫赫师尹，民具尔瞻。'"

在这里，为政者（先王等）自己首先要做到博爱、德义、敬让、礼乐等，让人民受到感化，认识到道德行为的价值，从而树立自身的尊严，形成一种社会风气、行为习惯。当下，领导干部、企业家、艺术家等应带头

行孝道，以身作则，让全社会的人去仿效。

三、移风易俗，礼乐相辅，塑造中国好家风

《孝经》的孝道思想并不限于前述注重人的天性、唤醒人民道德自觉这两个层面，还有另一个重要层面，即教化礼乐和移风易俗。这一思想在今天仍有借鉴意义。

如果说，道德自觉取决于个人的自我意识，礼乐风俗则体现为群体的习惯。今天人们常常说，儒家过分重视个人的道德自觉，而个人的道德自觉毕竟只是极少数人才能做到。事实上，这种看法忽视了儒家同样非常重视制度的建立这一观点。不过与西方制度经济学不同的是，儒家的制度概念并不限于硬性的制度，还包括软性的、不成文的制度，即风俗习惯，也即礼乐教化。

《孝经·广要道章第十二》："子曰：'教民亲爱，莫善于孝。教民礼顺，莫善于悌。移风易俗，莫善于乐。安上治民，莫善于礼。'"

孔子说："教育人民互相亲近友爱，再也没有比倡导孝道更好的了。教育人民礼貌和顺，再也没有比遵从自己兄长更好的了。改变旧风俗，树立新风尚，再也没

有比用音乐教化更好的了。使君主安心，人民顺服，再也没有比用礼教办事更好的了。"孝治思想之所以能实现"不肃而成，不严而治"，还有另外一个重要原因，即好的风俗和传统一旦形成，人民就具有了好的自我管理习惯。这种好的群体习惯，能自然而然地约束绝大多数人。这就是说，虽然绝大多数人不一定具有很强的道德自觉意识，但良好的礼乐和风俗能起到约束他们的欲望、规范他们的行为的作用。所以，儒家在法律等硬性制度之外，更寄希望于礼乐等软性制度。孔子"导之以政，齐之以刑，民免而无耻；导之以德，齐之以礼，有耻且格"的说法，正是这一儒家传统的经典表达。

那么，如何形成孝道的浓厚氛围呢？

首先，要大力提倡、褒奖孝行。

清朝康熙、乾隆年间，曾大力提倡孝道，并要求上自文武大臣，下至黎民百姓都要熟读《孝经》，在民间提倡"圣朝以孝治天下"的古训。朝廷要求乡里的秀才或族长，在每月的初一、十五讲解诵读《孝经》，以教育子民。

千叟宴，始于康熙，盛于乾隆时期，是清宫中规模最大、与宴者最多的盛大御宴。康熙五十二年（1713）

在畅春园举办第一次千人大宴，康熙帝席赋《千叟宴》诗一首，故得宴名。乾隆五十年（1785），四海承平，天下富足。适逢庆典，乾隆帝为表示皇恩浩荡，在乾清宫举行了千叟宴。宴会场面之大，实为空前。被邀请的老人约有3 000名，这些人中有皇亲国戚，有前朝老臣，也有从民间奉诏进京的老人。乾隆皇帝还亲自为90岁以上的寿星——斟酒。当时推为上座的是一位最长寿的老人，据说已有141岁。乾隆和纪晓岚还为这位老人作了一个对子，"花甲重开，外加三七岁月；古稀双庆，内多一个春秋"。上联的意思是，两个甲子年即120岁，再加三七岁月，即21年，刚好141岁；下联"古稀双庆"即两个70年，再加一个春秋，即1年，正好141岁，堪称绝对。

　　这场宴会体现出来的皇家气派自与民间大不相同。不但有御厨精心制作的满汉全席，还有皇家贡品酒水。老人们大快朵颐，据说晕倒、乐倒、饱倒、醉倒的老人不在少数。千叟宴这场盛大宴会，被当时的文人称作"恩隆礼洽，为万古未有之举"。

　　今天许多地方隆重地表彰孝子、好媳妇等活动，应当成为常态，要在全社会树立"行孝光荣，不孝可耻"的风尚，形成孝老爱亲的风俗。

其次，要充实、丰富"重阳节"这个"敬老节"的内涵。

中国的重阳节起始于上古，普及于西汉，流行于唐代，重阳处于夏冬交接的时间节点，是人们在秋寒新至时具有仪式意义的秋游，在这个节日里登高赏秋、感恩敬老、祈求康乐延年。尊老敬老是中华民族的传统美德。重阳节凝聚了中华民族"老吾老以及人之老"的浓浓深情和生生不息的风范。1989年，我国政府把"重阳节"正式定为"中国老人节""敬老节"，从此，重阳节成为一个尊老、敬老、爱老、帮老的节日。2012年12月28日，《中华人民共和国老年人权益保障法》进一步在法律上加以确认。今天，多地在重阳节举办丰富多彩的敬老活动，但内涵还不够丰富，仪式感不强。因此，我们必须加以大力倡导、规范和丰富，制定"老人节"的主题、内容、程序，使之成为倡行孝道的节日。

再次，提倡给年龄达到70岁以上的老人过生日。"人生七十古来稀"，虽然今天人们的平均寿命延长了，但七十岁也算是进入了老龄阶段。子女、朋友给老人过生日，也是倡导尊老敬老的好风尚，传承中国的孝道。

四、利益导向，法律支撑，促进孝道的弘扬

在这方面，新加坡作出了很好的示范。他们把孝道融入了政策、法规之中。新加坡政府在1991年公布《共同价值白皮书》，提出了"五大价值观"：国家至上，社会为先；家庭为根，社会为本；关怀扶持，同舟共济；求同存异，协商共识；种族和谐，宗教宽容。为倡导"家庭为根"的理念，政府规定子女与年迈父母同住或就近居住，在购买住房时可以享受一定的房价优惠和免税额度；子女探望父母时，可免除部分小区的停车费。目前，新加坡已婚子女与父母合住同一组屋或同一组屋区的约为41%。这些值得我们借鉴。

首先，在政策上给孝道以物质的鼓励，发挥利益的导向作用。如对子女与父母一同居住的给予税收优惠，对照料重病父母的子女给予假期等。

其次，完善法律制度。我们虽然制定了《中华人民共和国老年人权益保障法》，但应该努力践行，并根据时代的变化加以修改和完善。

再次，在政策上支持鼓励养老机构的设立。发动社会力量支持养老公益事业，如创办"长者饭堂"，给老人提供生活的方便。

最后，让我们传承好中国孝道，居孝心、行孝道，在家为孝、出门行德，修德为仁，做到个人身心健康、家庭幸福美满、社会和谐进步！

附　录　《孝经》今译[①]

开宗明义章第一

【原文】

仲尼居，曾子侍。子曰："先王有至德要道，以顺天下，民用和睦，上下无怨。汝知之乎？"

曾子避席曰："参不敏，何足以知之？"

子曰："夫孝，德之本也，教之所由生也。复坐，吾语汝。身体发肤，受之父母，不敢毁伤，孝之始也。立身行道，扬名于后世，以显父母，孝之终也。夫孝，始于事亲，中于事君，终于立身。《大雅》云：'无念尔祖，聿修厥德。'"

【译文】

孔子坐在家中，他的学生曾参陪坐在一旁。

孔子说："先代的帝王有其至高无上的品行和至为重

---

①参见胡平生、陈美兰译注：《礼记·孝经》，中华书局2007年版。译文有修改。

要的道德，以使天下人心归顺，人民和睦相处。人们无论是尊贵还是卑贱，上上下下都没有怨恨不满。你知道那是为什么吗？"

曾子连忙站起身来，离开自己的座位回答说："学生我不够聪敏，哪里会知道那究竟是为什么呢？"

孔子说："那就是孝。它是一切德行的根本，也是所有品行的教化产生的根源。你回原来位置坐下，我讲给你听。人的身体、四肢、毛发、皮肤，都是父母给予的，不敢损毁伤残，这是孝的开始。人在世上遵循仁义道德，有所建树，显扬名声于后世，从而使父母显赫荣耀，这是孝的终极目标。所谓孝，最初是从侍奉父母做起的，然后效力于国君，最终建功立业，功成名就。《诗经·大雅·文王》说：'怎么能不思念你的先祖呢？要努力去发扬光大你的先祖的美德啊！'"

天子章第二

【原文】

子曰："爱亲者，不敢恶于人；敬亲者，不敢慢于人。爱敬尽于事亲，而德教加于百姓，刑于四海。盖天子之孝也。《甫刑》云：'一人有庆，兆民赖之。'"

【译文】

孔子说:"能够亲爱自己父母的人,就不会厌恶别人的父母;能够尊敬自己父母的人,也就不会怠慢别人的父母。以亲爱恭敬的心情尽心尽力地侍奉双亲,而将至高无上的德行教化施之于黎民百姓,使天下百姓遵从效法,这就是天子的孝道呀!《尚书·甫刑》说:'天子有善行,万方民众都依赖他,国家便能长治久安。'"

诸侯章第三

【原文】

在上不骄,高而不危;制节谨度,满而不溢。高而不危,所以长守贵也。满而不溢,所以长守富也。富贵不离其身,然后能保其社稷,而和其民人。盖诸侯之孝也。《诗》云:"战战兢兢,如临深渊,如履薄冰。"

【译文】

身为诸侯,身居高位而不骄傲,尽管高高在上也不会有倾覆的危险;俭省节约,慎守法度,尽管财富充裕丰盈也不会僭礼奢侈。身居高位而没有倾覆的危险,这样就能够长久地保持自己的尊贵地位;财富充裕而不奢靡挥霍,这样就能够长久地守住自己的财富。能够保持富有和尊贵，然后才能保住家国的安全，使黎民百姓和睦相处。这大概就是诸侯的孝道吧。《诗经·小雅·小旻》篇中说："战战兢兢，就像身临深水潭边恐怕坠落，脚踩薄冰之上担心陷下去那样，小心谨慎地处事。"

卿大夫章第四

【原文】

非先王之法服不敢服，非先王之法言不敢道，非先王之德行不敢行。是故非法不言，非道不行；口无择言，身无择行；言满天下无口过，行满天下无怨恶。三者备矣，然后能守其宗庙。盖卿大夫之孝也。《诗》云："夙夜匪懈，以事一人。"

【译文】

不合乎先代圣明君王所制定的礼法的衣服不敢穿戴，不合乎先代圣明君王所说的礼法的言语不敢说，不合乎先代圣明君王实行的道德准则和行为不敢做。所以不合乎礼法的话不说，不合乎礼法道德的事不做；由于言行都能自然而然地遵守礼法道德，所以开口说话无须字斟句酌就能合乎礼法，自己的行为不必着意考虑什么能做，什么不能做。于是所说的话即便天下皆知也不会有过失之处，所做的事传遍天下也不会招致怨恨厌恶。衣饰、语言、行为这三点都能做到遵从先代圣明君王的礼法准则，然后才能守住自己祖宗的香火延续兴盛。这就是卿大夫的孝道啊！《诗经·大雅·烝民》里说："要从早到晚勤勉不懈，尽心竭力奉事天子。"

士章第五

【原文】

资于事父以事母，而爱同；资于事父以事君，而敬同。故母取其爱，而君取其敬，兼之者父也。故以孝事君则忠，以敬事长则顺。忠顺不失，以事其上，然后能保其禄位，而守其祭祀。盖士之孝也。《诗》云："夙兴夜寐，无忝尔所生。"

【译文】

用侍奉父亲的态度去侍奉母亲，那么爱心是相同的；用侍奉父亲的态度去侍奉国君，那么崇敬之心也是相同的。所以侍奉母亲是用亲爱之心，侍奉国君是用崇敬之心，只有侍奉父亲是兼有爱心和敬心的。因此有孝行的人为国君服务必定忠诚，能敬重兄长的人对上级必定顺从。能做到忠诚顺从地侍奉国君和上级，即能保住自己的俸禄和职位，并能维持对祖先的祭祀。这就是士人的孝道啊！《诗经·小雅·小宛》里说："要早起晚睡努力工作，不要辱及生养你的父母。"

庶人章第六

【原文】

用天之道，分地之利，谨身节用，以养父母。此庶人之孝也。故自天子至于庶人，孝无终始，而患不及者，未之有也。

【译文】

遵循自然的规律，根据不同土地的性质，种植不同的作物，使之各尽其宜；行为谨慎，节省俭约，以此来供养父母，这就是普通老百姓的孝道了。所以上自天子，下至普通老百姓，不论尊卑高下，孝道是无始无终、超越时空、永恒存在的。如果有人担心自己不能做到孝，那是根本不会出现的事情。

三才章第七

【原文】

曾子曰："甚哉，孝之大也！"

　　子曰："夫孝，天之经也，地之义也，民之行也。天地之经，而民是则之。则天之明，因地之利，以顺天下。是以其教不肃而成，其政不严而治。先王见教之可以化民也，是故先之以博爱，而民莫遗其亲；陈之以德义，而民兴行。先之以敬让，而民不争；导之以礼乐，而民和睦；示之以好恶，而民知禁。《诗》云：'赫赫师尹，民具尔瞻。'"

【译文】

　　曾子说："太伟大了！孝道是多么博大精深呀！"

　　孔子说："孝道犹如天上日月星辰的运行，地上万物的自然生长，自有其规律，天经地义，乃是人类最为根本首要的品行。天地有其自然法则，人类以其为典范，从其法则中领悟到孝道并遵循它。效法上天那永恒不变的规律，利用大地自然四季中的优势，顺乎自然规律对天下民众施以政教。因此对于人民的教化不用严肃施行就可成功，对于人民的管理不用严厉推行就能得以治理。从前的贤明君主看到通过教育可以感化民众，所以他亲自带头，实行博爱，于是就没有人会遗弃自己的双亲；向人民陈述道德、礼义，人民就会主动去遵行；圣明君主又率先以恭敬和谦让垂范于人民，于是人民就不会争斗；用礼仪和音乐引导和教育人民，人民就能和睦相处；告诉人民对值得喜好的美的东西和令人厌恶的丑的东西进行区别，人民就能辨别好坏，而不违犯禁令了。《诗经·小雅·节南山》中说：'威严而显赫的太师尹氏啊，人民都在仰望着你。'"

孝治章第八

【原文】

子曰："昔者明王之以孝治天下也，不敢遗小国之臣，而况于公、侯、伯、子、男乎？故得万国之欢心，以事其先王。治国者，不敢侮于鳏寡，而况于士民乎？故得百姓之欢心，以事其先君。治家者，不敢失于臣妾，而况于妻子乎？故得人之欢心，以事其亲。夫然，故生则亲安之，祭则鬼享之，是以天下和平，灾害不生，祸乱不作。故明王之以孝治天下也如此。《诗》云：'有觉德行，四国顺之。'"

【译文】

孔子说："从前圣明的君王是以孝道治理天下的，即便是对极卑微的小国的臣属都待之以礼，不敢遗忘与疏忽，更何况是对公、侯、伯、子、男这样的诸侯呢。

所以就得到了各诸侯国臣民的爱戴和拥护，他们都帮助天子筹备祭典，参加祭祀先王的典礼。治理一个封国的诸侯，即便是对失去妻子的男人和丧夫守寡的女人也不敢欺侮，更何况对他属下的臣民百姓呢？所以就得到了老百姓的爱戴和拥护，大家都齐心协力帮助诸侯筹备祭典，参加祭祀先君的典礼。治理自己采邑的卿大夫，即便对于臣仆婢妾也不失礼，更何况对其妻子、儿女呢？所以就得到了众人的爱戴和拥护，大家都愿意帮助他，并奉养其双亲。只有这样，才会让父母在世时安乐、祥和地生活，死后灵魂也能安然享受到后代的祭奠。正因为这样，天下才祥和太平，自然灾害不会发生，人为的祸乱也不会出现。因此，圣明的君王以孝道治理天下，就能收到这样的效果，出现这样的太平盛世。《诗经·大雅·抑》说：'天子有伟大的德行，四周的国家都会归顺他。'"

圣治章第九

【原文】

曾子曰："敢问圣人之德，无以加于孝乎？"

子曰："天地之性，人为贵。人之行，莫大于孝，孝莫大于严父，严父莫大于配天，则周公其人也。昔者周公郊祀后稷以配天，宗祀文王于明堂以配上帝。是以四海之内，各以其职来祭。夫圣人之德，又何以加于孝乎？故亲生之膝下，以养父母日严。圣人因严以教敬，因亲以教爱。圣人之教不肃而成，其政不严而治，其所因者本也。父子之道，天性也，君臣之义也。父母生之，续莫大焉。君亲临之，厚莫重焉。故不爱其亲而爱他人者，谓之悖德；不敬其亲而敬他人者，谓之悖礼。以顺则逆，民无则焉。不在于善，而皆在于凶德，虽得之，君子不贵也。君子则不然，言思可道，行思可乐，德义可尊，作事可法，容止可观，进退可度，以临其民。是以其民畏而爱之，则而象之。故能成其德教，而行其政令。《诗》云：'淑人君子，其仪不忒。'"

【译文】

曾子说："我很冒昧地请问，圣人的德行中，难道就没有比孝道更重要的吗？"

孔子说："天地万物之中，以人最为尊贵。人的各种行为，没有比孝道更为重要的了。在孝道之中，没有比敬重父亲更重要的。敬重父亲，没有比在祭天的时候以父祖先辈配祀更加重要的了，祭天时以父祖先辈配祀，始于周公。当初，周公在郊外祭天的时候，把其始祖后稷配祀天帝；在明堂祭祀时，又把父亲文王配祀天帝。因为他这样做了，所以全国各地诸侯都能够恪尽职守，前来协助他的祭祀活动。可见圣人的德行，又有什么能比孝道更为重要的呢？因为子女对父母亲的敬爱，在年幼相依父母亲膝下时就产生了，待到长大成人，就一天比一天懂得了对父母亲尊严的爱敬。圣人就是依据这种子女对父母尊敬的天性，教导人们孝敬父母；又因为子女对父母天生的亲情，教导他们爱的道理。圣人的教化之所以不必严厉地推行就可以成功，圣人对国家的管理不必施以严厉粗暴的方式就可以治理好，是因为他们因循的是孝道这一根本。父亲与儿子的亲恩之情，乃是出于人天生的本性，也体现了君主与臣属之间的义理关系。父母生下儿女，使儿女得以上继祖宗，下续子孙，这就是父母对子女的最大恩情。父亲既有为父之亲，又有为君之尊，其恩义之厚，是什么关系都比不上的。所以，那种不敬爱自己的父母却去敬爱别人的行为，叫做违背道德；不尊敬自己的父母而尊敬别人的行为，叫做违背礼法。如果有人用违背道德和违背礼法去教化人民，让人民遵从效法，那么就会是非颠倒，人民将无所适从，不知如何效法了。不是在身行敬爱的善道上下功夫，相反凭借违背道德礼法的恶道施行，虽然能一时得志，却也是为君子所鄙夷不屑的。君子的作为则不是这样，其言谈，必须考虑到要让人们所称道奉行；其作为，必须想到可以给人们带来欢乐；其立德行义，能使人民为之尊敬；其行为举止，可使人民予以效法；其容貌行止，皆合规矩，使人们无可挑剔；其动静进退，不越礼违法，成为人民的楷模。如果君王能够像这样来治理国家，统治黎民百姓，民众就会敬畏而爱戴他，并学习仿效他。因此，他们的德教就能收到成效，政令能够得到贯彻执行。《诗经·曹风·鸤鸠》说：'善人君子，最讲礼仪，其容貌举止，毫无差池。'"

纪孝行章第十

【原文】

子曰："孝子之事亲也，居则致其敬，养则致其乐，病则致其忧，丧则致其哀，祭则致其严。五者备矣，然后能事亲。事亲者，居上不骄，为下不乱，在丑不争。居上而骄则亡，为下而乱则刑，在丑而争则兵。三者不除，虽日用三牲之养，犹为不孝也。"

【译文】

孔子说："孝子对父母的侍奉，在日常家居的时候，要对父母恭敬；在饮食生活的奉养时，要保持和悦愉快的心情去服侍；父母生病了，要带着忧虑关切的心情去照料；父母去世了，要竭尽悲哀之情料理后事；对先人的祭祀，要敬仰严肃地对待。这五个方面做得完备周到了，方可称为对父母尽到了子女的孝道。侍奉父母，身居高位而不骄傲蛮横，为人臣下而不为非作乱，地位卑下要和顺相处，不与人争斗。身居高位而骄傲自大者势必要招致灭亡，为人臣下而为非作乱者免不了遭受刑罚，地位卑下争斗不休则会引起相互残杀。这骄、乱、争三项恶事不戒除，即便对父母天天用牛、羊、猪三牲的肉食尽心奉养，也还是不孝之人啊。"

五刑章第十一

【原文】

子曰："五刑之属三千，而罪莫大于不孝。要君者无上，非圣者无法，非孝者无亲。此大乱之道也。"

【译文】

孔子说："应当处以墨、劓、刖、宫、大辟五种刑法的罪有三千种之多，其中没有比不孝的罪过更大的了。用武力胁迫君主的人，是眼中没有君主的存在；诽谤圣人的人，是眼中没有法纪；对行孝的人有非议、不恭敬，是眼中没有父母的存在。这三种人的行径，乃是天下大乱的根源所在。"

广要道章第十二

【原文】

子曰："教民亲爱，莫善于孝。教民礼顺，莫善于悌。移风易俗，莫善于乐。安上治民，莫善于礼。礼者，敬而已矣。故敬其父，则子悦；敬其兄，则弟悦；敬其君，则臣悦；敬一人，而千万人悦。所敬者寡，而悦者众，此之谓要道矣。"

【译文】

孔子说："教育人民互相亲近友爱，再也没有比倡导孝道更好的了。教育人民礼貌和顺，再也没有比遵从自己兄长更好的了。改变旧习俗，树立新风尚，再也没有比用音乐教化更好的了。使君主安心，人民顺服，再也没有比用礼教办事更好的了。所谓的礼，归根结底就是一个'敬'字而已。所以尊敬他人的父亲，其儿子就会喜悦；尊敬他人的兄长，其弟弟就愉快；尊敬他人的君主，其臣下就高兴。敬爱一个人，能使千千万万的人高兴愉快。所尊敬的对象虽然只是少数人，为之喜悦的人却有千千万万的人，这就是把推行孝道称为'要道'的理由啊！"

广至德章第十三

【原文】

子曰："君子之教以孝也，非家至而日见之也。教以孝，所以敬天下之为人父者也；教以悌，所以敬天下之为人兄者也。教以臣，所以敬天下之为人君者也。《诗》云：'恺悌君子，民之父母。'非至德，其孰能顺民，如此其大者乎！"

【译文】

孔子说："君子教人以行孝道，并不是要挨家挨户去推行，也不是要天天当面去教导。君子教人行孝道，是要让天下为父亲的人都能受到尊敬；教人以为弟之道，是让天下为兄长的人都能受到尊敬；教人以为臣之道，是让天下为君主的能受到尊敬。《诗经·大雅·泂酌》说：'和乐平易的君子，是民众的父母。'如果没有孝这种至高无上的德行，有谁能够教化百姓，使人民顺从归化而取得这么大的效果呢？"

广扬名章第十四

【原文】

子曰："君子之事亲孝，故忠可移于君；事兄悌，故顺可移于长；居家理，故治可移于官。是以行成于内，而名立于后世矣。"

【译文】

孔子说："君子侍奉父母能尽孝道，所以能把对父母的孝心移作对国君的忠心；侍奉兄长知道服从，所以能把这种对兄长的服从之心移作对前辈或上司的敬顺；在家里能处理好家务，所以会把理家的经验移于做官，用于办理公务。因此说能够在家里尽孝悌之道、治理好家政的人，其名声也就会显扬于后世了。"

谏诤章第十五

【原文】

曾子曰："若夫慈爱、恭敬、安亲、扬名，则闻命矣。敢问子从父之令，可谓孝乎？"

子曰："是何言与！是何言与！昔者天子有争臣七人，虽无道，不失其天下；诸侯有争臣五人，虽无道，不失其国；大夫有争臣三人，虽无道，不失其家；士有争友，则身不离于令名；父有争子，则身不陷于不义。故当不义，则子不可以不争于父，臣不可以不争于君。故当不义则争之。从父之令，又焉得为孝乎！"

【译文】

曾子说："像父母慈爱、恭敬、让父母安心、扬名于后世，这些教诲学生已经听过了。不过，我想再冒昧地问一下，做儿子的能够听从父亲的命令，就可称得上是孝顺了吗？"

孔子说："这算是什么话呢！这算是什么话呢！从前，天子身边有七个直言相谏的诤臣，因此，纵使天子是个无道昏君，他也不会失去天下；诸侯身边有直言谏诤的诤臣五人，即便自己是个无道君主，也不会失去他的诸侯国；卿大夫身边有三位直言劝谏的臣属，所以即使他是个无道之臣，也不会丢掉自己的封邑；普通读书人身边有直言劝诤的朋友，那么自己的美好名声就不会丧失；父亲身边有敢于直言力诤的儿子，就能使父亲不会陷身于不义之中。因此在遇到不义之事时，如是父亲所为，做儿子的不可以不劝诤力阻；如是君王所为，做臣子的不可以不直言谏诤。面对不义之事，一定要谏诤劝阻。身为人子，如果只是遵从父亲的命令，又怎么称得上是孝顺呢？"

感应章第十六

【原文】

子曰："昔者明王事父孝，故事天明；事母孝，故事地察；长幼顺，故上下治。天地明察，神明彰矣。故虽天子，必有尊也，言有父也；必有先也，言有兄也。宗庙致敬，不忘亲也；修身慎行，恐辱先也。宗庙致敬，鬼神著矣。孝悌之至，通于神明，光于四海，无所不通。《诗》云：'自西自东，自南自北，无思不服。'"

【译文】

孔子说："从前，贤明的帝王奉事父亲很孝顺，所以在祭祀天帝时能够明白上天覆庇万物的道理；奉事母亲很孝顺，所以在社祭地神时能够明察大地孕育万物的道理；他能够使长辈与晚辈的关系和顺融洽，所以上上下下太平无事。能够明察天地覆庇孕育万物的道理，神明感应其诚，就会彰明神灵、降临福瑞来保佑。因此，虽然尊贵为天子，也必然有他所尊敬的人，那就是他的父辈；必然有先于他出生的人，那就是他的兄长。到宗庙里祭祀致以恭敬之意，是没有忘记自己的亲人的恩情；修身养性，谨慎行事，是因为恐怕因自己的过失而使先人蒙羞。到宗庙祭祀表达敬意，先祖的灵魂就会来到庙堂享用祭奠，显灵赐福。对父母兄长孝敬顺从达到了极致，就可以感动天地之神，这伟大的孝道，将充塞于天下，磅礴于四海，没有任何一个地方它不能到达，没有任何问题它不能解决。《诗经·大雅·文王有声》说：'从西到东，从南到北，四面八方，没有人不想来归附的。'"

事君章第十七

【原文】

子曰："君子之事上也，进思尽忠，退思补过。将顺其美，匡救其恶，故上下能相亲也。《诗》云：'心乎爱矣，遐不谓矣。中心藏之，何日忘之？'"

【译文】

孔子说："君子奉事君王，在朝廷为官的时候，要想着如何竭尽其忠心，谋划国事；退官居家的时候，要想着如何补救君王的过失。君王的政令是正确的，就遵照执行，坚持服从；对于君王行为上有了过失缺点，要匡正补救，君臣同心同德，关系才能够相互亲敬。《诗经·小雅·隰桑》说：'心中充溢着敬爱的情怀，无论多么遥远，这片真诚的爱心永久藏在心中，从不会有忘记的那一天。'"

丧亲章第十八

【原文】

子曰："孝子之丧亲也，哭不偯，礼无容，言不文，服美不安，闻乐不乐，食旨不甘，此哀戚之情也。三日而食，教民无以死伤生。毁不灭性，此圣人之政也。丧不过三年，示民有终也。为之棺椁衣衾而举之，陈其簠簋而哀戚之；擗踊哭泣，哀以送之；卜其宅兆，而安厝之；为之宗庙以鬼享之，春秋祭祀以时思之。生事爱敬，死事哀戚，生民之本尽矣，死生之义备矣，孝子之事亲终矣。"

【译文】

孔子说："孝子失去了父母亲，要哭得声嘶力竭，不要让哭声拖腔拖调，绵延曲折；举止行为失去了平时的端正礼仪，言语没有了条理文采，穿上华美的衣服就心中不安，听到美妙的音乐也不会感到快乐，吃美味的食物也不觉得好吃，这是做子女的因失去亲人而悲伤忧愁的表现。丧礼规定，父母去世后三天，孝子应当开始吃东西，这是教导人们不要因失去亲人过度悲哀而损伤生者的身体健康，不要因过度的哀伤而危及孝子的生命，这是圣贤君子的为政之道。为亲人守丧不超过三年，是为了告诉人们居丧是有其终止期限的。办丧事的时候，要为去世的父母准备好棺材、外棺、穿戴的衣饰和铺盖的被子等，妥善地将遗体安置进棺内，陈列摆设上箪篮类祭奠器具，以寄托生者的哀痛和悲伤。出殡的时候，捶胸顿足、号啕大哭地哀痛出殡送葬。用占卜选择一处适宜的墓地，把死者安葬好。兴建起祭祀用的庙宇，使亡灵有所归依并享受生者的祭祀。春夏秋冬，按时令举行祭祀，以表示生者无时无刻不思念亡故的亲人。在父母亲在世时，以爱和敬来奉事他们，在他们去世后，则怀着悲哀之情料理丧事，如此就尽到了人生在世所应尽的本分和义务。养生送死的大义都做到了，才算是完成了作为孝子侍奉亲人的义务。"